乡村振兴精品教材

有机肥生产施用
与化肥农药种子鉴别

◎霍永强　史　东　相殿国　刘冬梅　潘双喜　杨　丹　主编

中国农业科学技术出版社

图书在版编目（CIP）数据

有机肥生产施用与化肥农药种子鉴别／霍永强等主编 . --北京：中国农业科学技术出版社，2023.3（2024.9重印）

ISBN 978-7-5116-6239-2

Ⅰ.①有…　Ⅱ.①霍…　Ⅲ.①有机肥料-施肥②化学肥料-鉴别③农药-鉴别④作物-种子-鉴别　Ⅳ.①S141②F762.16③F767.16

中国国家版本馆 CIP 数据核字（2023）第 051282 号

责任编辑	白姗姗
责任校对	王　彦
责任印制	姜义伟　王思文

出 版 者	中国农业科学技术出版社
	北京市中关村南大街 12 号　　邮编：100081
电　话	（010）82106638（编辑室）　　（010）82109702（发行部）
	（010）82109709（读者服务部）
网　址	https://castp.caas.cn
经 销 者	各地新华书店
印 刷 者	北京虎彩文化传播有限公司
开　本	140 mm×203 mm　1/32
印　张	4.75
字　数	120 千字
版　次	2023 年 3 月第 1 版　2024 年 9 月第 2 次印刷
定　价	39.80 元

《有机肥生产施用与化肥农药种子鉴别》
编 委 会

前　言

　　肥料、农药、种子是重要的农业生产资料，也是现代农业发展的重要物质基础，在推动农业可持续发展、建设美丽乡村中起着重要作用。如何鉴别、选购与施用肥料、农药、种子，是广大农民必须面对的问题，这直接关系着农业生产的效益。

　　有机肥由于养分全面、肥效长、能够补充土壤有机质、保水保肥、改善根系微生物生存环境、减少农产品污染、提高农产品品质等功效，逐步在农业生产中得到重视，施用量正成倍地增长。而有机肥的推广使用是农产品生产环节中至关重要的一环，其施用技术对农产品的质量安全影响很大。加快发展和推广施用有机肥是现代农业发展的必然要求。

　　本书重点介绍了种子、化肥、农药的选购、鉴别及作物有机肥的使用技术等内容，旨在维护广大农民的权益，提高农民的辨别及使用能力。本书内容丰富，深入浅出，方法实用，可操作性强。

　　由于水平所限，书中难免存在疏漏和不妥之处，敬请专家、同行和广大读者批评指正。

编　者
2023 年 2 月

目　　录

第一章　有机肥料的生产技术

第一节　土壤培肥技术

以蔬菜为例，有机蔬菜的种植对土壤的要求要高得多。如何在不使用化学肥料的情况下，保证土壤的肥力达到有机蔬菜的种植标准，对培肥技术提出了更高的要求。

一、根据有机肥的特性进行施肥

施肥是土壤培肥的核心环节，在施肥的过程中必须根据有机肥的特性进行。常见的有机肥料主要有人畜粪尿、厩肥、沤肥、沼渣液、作物秸秆类肥料、绿肥、饼肥、生物有机肥等，这些有机肥在特性上有着比较明显的差异。如人粪尿是一种速效的有机肥，非常适合作为追肥施用，但不能施用在叶菜类、块茎类、块根类的蔬菜上。秸秆类肥料一般适合在还田的时候施用，并且需要配合施用一些高氮的有机肥等。根据有机肥的特性施用，能够保证肥效的最大化。但所有的有机肥必须经过腐熟以后才能施用，否则易造成烧根烧苗现象。在施肥的时候，如果发现有机肥还没有完全腐熟，可以在有机蔬菜种植之前施用。

二、根据作物的种类及其生长规律培肥

以蔬菜为例，不同的蔬菜对土壤的要求有比较大的差异，主

要体现在对各种养分的需求量和比例上。

如茎叶类蔬菜一般对氮类的营养需求比较多，豆类蔬菜对于磷、钾、钙、钼等元素相对于氮类元素需求更多。即便是同一种蔬菜，在不同的时期对于营养的需求也有比较大的差异。

在有机蔬菜种植初期，对于各种营养的需求相对来说比较少，在进入了生长期以后，对于各种营养的需求则比较多。但从现在经常栽培的有机蔬菜种类来看，大多数是对水分需求比较多的高产品种，满足其水分需求才能取得较高的经济效益。在这种情况下，只有施足有机肥，才能满足有机蔬菜生长和发展的需要，保证有机蔬菜的产量。

当然，在施足有机肥的同时，也要注意肥料使用的时间，因为有机蔬菜在不同的生长时期，对于各种肥料的需求有比较大的差异。在不同的生长时期，需要使用不同种类和不同量的有机肥。在这里需要根据有机蔬菜具体的生长情况，将固态有机肥与速效有机肥有效地结合起来，灵活地进行培肥，这样才能满足有机蔬菜对各种养分的需求，提高有机蔬菜的产量。

三、提高土壤自身的培肥能力

以蔬菜为例，现代有机蔬菜的栽种都是采用轮作的形式，需要在栽种的过程中，制订详细的有机蔬菜栽种计划，合理安排栽种的种类、时间，以及土壤培肥的措施，保证养地与用地的协调，使土壤具有持久的肥力。在有机蔬菜的栽种当中，还要特别重视豆类作物的栽种。

第二节　有机肥料的种类

有机肥料是指以有机物为主的自然肥料，多是人和动物的粪便及动植物残体，一般分为农家肥、绿肥、腐殖酸类肥料和生物有机肥4种。

一、农家肥

农家肥是农户将人畜粪便以及其他原料加工而成的，常购买的有厩肥、堆肥、沼气肥、熏土和草木灰等。收获植物及其加工残余物也是一类具有较好应用价值的农家肥，其中大豆饼、棉籽饼等饼粕类养分含量比较高，特别是氮都在5%以上。稻草和秸秆养分较低，一般总养分在2%~3%。

二、绿肥

绿肥是利用其植物体的全部或部分作为肥料。常见的绿肥作物有紫云英、苜蓿、豌豆和紫穗槐等。

三、腐殖酸类肥料

腐殖酸类肥料是利用泥炭、褐煤、风化煤矿等原料加工而成，这类肥料一般含有机质和腐殖酸，氮的含量相对比磷钾要高，能够改良土壤，培肥地力，增强作物抗旱能力以及刺激作物生长发育。

四、生物有机肥

生物有机肥一般指以畜禽粪便、城市生活垃圾、农作物秸秆、农副产品和食品加工产生的有机废弃物为原料，配以多功能发酵菌种剂，使之快速除臭、腐熟、脱水，再添加功能性微生物菌剂，加工而成的含有一定量功能性微生物的有机肥料。

生物有机肥产品应根据《生物有机肥》（NY 884—2012）的

标准执行。生物有机肥有益微生物含量大于等于 2 000 万个/g，其他指标应符合《有机肥料》（NY/T 525—2021）的标准。

第三节　农家有机肥

一、粪尿肥

粪尿肥可分为牲畜粪尿和人粪尿。

（一）牲畜粪尿

牲畜粪尿是指猪、牛、羊、马等饲养动物的排泄物，含有丰富的有机质和各种植物营养元素，是良好的有机肥料。牲畜粪尿与各种垫圈物料混合堆沤后的肥料称为厩肥。厩肥是农村的主要肥源，占农村有机肥料总量的 63%~72%。其中，猪粪尿提供的养分最多，占牲畜粪尿养分的 36%，牛粪尿占 17%~20%，羊粪尿占 7%~9%，马、驴、骡占 5%~6%。

畜尿中含有较多的氮素，都是水溶性物质。除有大量的尿素外，还有较多的马尿酸和少量的尿酸态氮。这些成分较复杂，需腐熟后施用。畜粪中的氮素大部分是有机态，如蛋白质及其分解产物，植物不能直接利用，分解缓慢，属于迟效性。畜粪中的磷，一部分是卵磷脂和核蛋白等有机态，另一部分是无机磷酸盐类。由于这些盐类与其他有机质共同存在，磷被分解出来以后，能和有机酸形成络合物，可以减少被土壤中铁、铝、钙等离子的固定，所以畜粪中的磷素肥效较高。畜粪中的钾大部分是水溶性的，肥效很高。各种家畜粪尿的成分和理化性质因种类、饲料及饲养方式而有所不同。

1. 马粪

以高纤维粗饲料为主，因马咀嚼不细，排泄物中含纤维素高，粪质粗松，含有大量高温性纤维分解细菌，可增强纤维分解，放出大量热，故称热性肥料，多用于温床酿热物。施用马粪能显著改善土壤物理性状，施在质地黏重的土壤为佳，还适合施用在低洼地、冷浆土壤上。

2. 牛粪

牛是反刍类动物，虽然饲料与马相同，但饲料可为牛反复咀嚼消化，因此粪质较马粪细密。加上牛饮水量大，粪中含水量高，通透性差，所以分解缓慢，发酵温度低，故称冷性肥料。为加速分解腐熟，常混入一定量的马粪。施在轻质沙性土上效果较好。

3. 羊粪

羊也是反刍类动物。对多纤维的粗饲料反复咀嚼，这与牛相同；但羊饮水少于牛，所以羊粪粪质细密又干燥，肥分浓，三要素含量在家畜粪中最高。其腐解时发热量界于马粪与牛粪之间，发酵也较快，故也称为热性肥料。

4. 猪粪

猪为杂食性动物，饲料不以粗纤维为主，所以碳氮比值小，也是热性肥料。猪粪质地细于马粪，比马粪含水量高。含腐殖质量较高，阳离子代换量也大，适用于各种土壤，能提高土壤保水保肥能力。

5. 禽粪

家禽包括鸡、鸭、鹅等，它们以各种精料为主，所含纤维素量少于家畜粪，所以粪质好，养分含量高于家畜粪，属于细肥，经腐熟后多用于追肥。

利用牲畜粪尿积制的厩肥多作基肥施用，基肥秋施的效果较春施好。一般亩（1亩≈667m²）用量2 000~3 000 kg，撒铺均匀后耕翻，也可采用条施或穴施。

（二）人粪尿

人粪尿是一种养分含量高、肥效快的有机肥料，常被称为"精肥"或"细肥"。人粪是食物经消化后未被吸收而排出体外的残渣，其中含70%~80%的水分，20%左右的有机质，主要是纤维素和半纤维素、脂肪和脂肪酸、蛋白质、氨基酸和各种酶、粪胆汁，还有少量的粪臭质、吲哚、硫化氢、丁酸等臭味物质，5%左右的灰分，主要是钙、镁、钾、钠的无机盐。此外，人粪中还含有大量已死的和活的微生物，有时还含有寄生虫和寄生虫卵。新鲜人粪一般呈中性反应。

人尿是食物被消化、吸收并参加新陈代谢后所产生的废物和水分。其中含水约95%，其余5%左右是水溶性有机物和无机盐类，其中尿素、尿酸和马尿酸占1%，无机盐为1%左右。健康人的新鲜尿为透明黄色，呈弱酸性反应。

人粪尿中有机质和养分含量的高低，以及排泄量的多少，与人的年龄、饮食和健康状况等有关。

从养分含量来看，无论人粪还是人尿都是含氮较多，而磷、钾较少。所以，人们常把人粪尿当作速效性氮肥施用。其常用施肥方法如下。

（1）加水沤制成粪稀，经腐熟后可作追肥，多施用于叶菜类作物如白菜、菠菜、甘蓝、芹菜等，加水稀释4~5倍，直接浇灌。为提高肥效，减少氨的挥发，可开沟、穴，施后立即覆土。

（2）作为造肥的原料掺入堆肥中进行堆制，这样不仅促进微生物活动，加速有机质分解，还能提高粪肥质量。大粪土一般作基肥较好，但在土壤湿润的条件下，也可以沟施或穴施作旱地作物的追肥。

（3）因人粪尿中含有0.6%~1.0%NaCl盐，施用时应注意：

禁施于忌氯作物如瓜果类、薯类、烟草和茶叶等，以免降低这些作物的产量和品质；盐碱土尽量少施或不施，以防加剧盐、碱的累积，有害于作物；因 Na⁺ 能大量地代换盐基离子，使土壤变碱，一般水田不宜施用。

二、厩肥

厩肥是家畜粪尿和各种垫圈材料混合积制的肥料。在北方多用泥土垫圈，称为土粪；在南方多用秸秆垫圈，称为厩肥。

厩肥是营养成分较齐全的完全肥料，其养分含量因家畜的种类、饲料的优劣、垫料的种类和用量等而不同，尤其是家畜的种类和垫料对养分含量影响较大。腐熟的厩肥因质量差异很大，施入土壤后当季肥料利用率也不一样，氮素当季利用率的变幅为 10%~30%；厩肥中磷素的有效性较高，可达 30%~40%，大大超过化学磷肥；厩肥中钾的利用率一般在 60%~70%。厩肥具有较长的后效，如果年年大量施用，土壤可积累较多的腐殖质，同时，厩肥含有大量的腐殖质和微生物，因此，厩肥在改良土壤、提高土壤肥力和化学肥料的肥效上有明显的作用。

新鲜厩肥一般不直接施用，因为易出现微生物和作物争水争肥的现象。如在淹水条件下，还会引起反硝化作用，增加氮的损失；如土壤质地较轻，排水较好，气温较高，或作物生育期较长，可选用半腐熟的厩肥使用。厩肥富含有机质，其肥料迟缓而持久，一般作基肥施用，在休闲期或播种前，将厩肥均匀撒施于地表后，翻耕入土。基肥施用时亩用量一般为 1 000~1 500 kg。厩肥作基肥时，应配合化学氮、磷肥施用，除可满足作物养分需要外，也可提高化肥的利用率。为充分发挥厩肥的增产效果，施用时应根据土壤肥力、作物类型和气候条件综合考虑。

三、堆肥

堆肥化就是在人工控制下，在一定的水分、碳氮比和通风条件下，通过微生物的发酵作用，将有机废物转变为肥料的过程，一般把堆肥化的产物称为堆肥。在堆肥过程中，伴随着有机物分解和腐熟物形成，堆肥的材料在体积和重量上也发生明显的变化，一般体积减小 1/2 左右，重量减少 1/2 左右。

（一）堆肥的积制方法

堆肥的积制按堆腐期间的温度状况不同，分为普通堆制和高温堆制两种方法。普通堆制的特点是在嫌气、常温条件下，使有机质缓慢分解，该法操作简便易行、养分损失较少，但腐熟时间较长，一般需 3~4 个月。高温堆制是在通气良好、水分适宜和高温的条件下，通过好热性微生物的强烈分解作用，加快堆肥的腐熟。高温堆制一般要经过升温、高温、降温、腐熟 4 个阶段，高温阶段可以杀死秸秆、粪尿等原料中的大部分病菌、幼虫、虫卵及杂草种子等有害物质，是对人、畜粪尿无害化处理的一个重要方法。下面介绍堆肥简易的堆制方法。

1. 备料

（1）粪引物。主要为人、畜、禽粪尿，这类材料含氮丰富，并有大量微生物。粪引物是保证微生物活动的养料物质，是堆肥发酵不可少的原料，也是影响堆肥质量的主要成分。

（2）酿热物。主要为秸秆、垃圾、各种植物残体、杂草等。这些物质富含纤维素和半纤维素等，是造肥过程中升温的原料。

（3）吸附物。主要为干肥土、河塘泥等。其本身含有一定量养分，并且是吸水、吸肥的主要物质。

以上 3 种堆肥原料的大致比例为：吸附物：酿热物：粪引物＝5：3：2，可依当地自然资源，灵活搭配就地利用。

2. 堆积

将已备好的原料，浇上粪汁，充分混合均匀后，堆放在已选好的场地上。堆放时以自然状态为好，以利通风透气，堆至一半高时再设通风柱，常用玉米秆、木棍等，最好高出堆顶半尺（1尺≈33.3cm），数量4~5个。

3. 封堆

堆好后立即用泥或塑料薄膜封堆，厚4~6cm，封堆的目的一是保肥、保温，二是利于环境卫生，防蚊、蝇。

4. 调温管理

封堆后要定期测定温度，可采用温度计或温度遥测仪测定。高温阶段（大于50℃）要持续3~4d。当温度大于65℃时，应向堆内加冷水，或局部开封降温；在高温阶段，应堵死通气孔，否则分解过快，易损失氮素。如温度已达40℃又突然下降，应立即堵住风口以保温，从而达到腐熟、保肥的目的。冬季造肥一般不用通气孔。

（二）堆肥施用技术

堆肥一般用作基肥，腐熟良好的堆肥也可作种肥和追肥。作基肥施用时，在施用量较大的情况下，一般在土壤翻耕前，将堆肥均匀散开，翻耕入土，再反复耕耙，使堆肥与土壤充分混合；在施用量较小时，可采取条施、穴施。

施用堆肥作基肥还应该注意以下5点：①半腐熟的堆肥不宜与种子或植物根系直接接触，否则可能会产生烧根烧苗现象。②换茬相隔时间短，应使用腐熟堆肥，以免烧根烧苗，且可提早产生肥效；换茬相隔时间较长，如秋季翻耕、春暖后播种，可施用半腐熟堆肥。③生长期较长的作物如水稻、玉米等可用半腐熟的堆肥；蔬菜等生长期短的作物应施用腐熟充分的堆肥。④沙性土可用半腐熟的堆肥，宜深施一些；黏性土则最好施用腐熟度高的堆肥，浅耕浅施。⑤堆肥是迟效肥料，肥效稳而长，但供肥强度不大，需根据作物需要配合施用一些速效肥料。

四、沤肥

沤肥是以作物秸秆、绿肥、青草、草皮、树叶等植物残体为主，混合垃圾、人畜粪尿、泥土等，在嫌气、常温条件下沤制而成的有机肥料，是我国南方地区重要的积肥方式。

沤肥在沤制过程中，有机物质在嫌气条件下腐解，养分不易损失，同时形成的速效养分多被泥土所吸附，不易流失。因此，沤肥是速效和迟效养分兼备、肥效稳而长的多元素有机肥料。沤肥养分全面，除含较高的有机质外，还富含氮、磷、钾、钙、镁、硅、铜、锌、铁、锰、硼等元素。

（一）沤肥的积制方法

沤肥因各地习惯、材料、制法的不同，沤制方法大同小异，但都是以嫌气发酵为主，其中凼肥沤制和草塘泥沤制是两种基本的沤制方式。

1. 凼肥沤制

凼肥的沤制因地点、方法和原料的不同分为家凼和田间凼两种。家凼以农家的污水、废弃物和垃圾等为主要原料，陆续加入，常年积制，每年出凼肥数次。家凼一般深 60～100cm，大小根据地形、原料及需肥量而定。田间凼设在稻田的田角、田边或田间，根据季节分为春凼、冬凼和伏凼。田间凼深 50cm 左右，形状呈长方形或圆形，内壁捶实打紧，以防漏水。田间凼以草皮、秸秆、绿肥、厩肥和适量的人畜粪尿、泥土为原料，拌和均匀后保持一浅水层沤制，至凼面有蜂窝眼，水层颜色呈红棕色且有臭味时，凼肥即已腐熟。

2. 草塘泥沤制

草塘泥的沤制分为罱泥配料、选点挖塘、入塘沤制和翻塘精制4个步骤。一般于冬春季节罱取河泥，拌入切成小段的稻草，制成稻草河泥，将稻草河泥加入人畜粪尿、青草、绿肥等原料，分层次移入挖好的空草塘中，使配料混合均匀并踩紧，装满塘后保持浅水层沤制，待水层颜色呈红棕色且有臭味时，肥料即已腐熟可用。

（二）沤肥施用技术

沤肥是适合于各种作物、土壤的优质有机肥料，具有供应养分和培肥土壤的双重作用。南方地区沤肥主要用作水稻基肥，一般于翻耕前将沤肥均匀撒施于田面，然后立即耕地。如果苗施用量少，可于耙田后均匀撒施于田面作面肥施用；如果苗施用量大，最好采取深施与面施相结合的方法，即分两次施用。沤肥施用后应及时耕耙整田插秧，以避免氮素的挥发和流失。沤肥由于具有肥效稳而长但供肥强度不大的特点，前期应配合施用速效性肥料，以避免供肥不足。

五、饼肥

饼肥又称油饼或油枯，是油料作物的种子经榨油后剩下的残渣，一般成饼状。饼肥的种类很多，其中主要的有豆饼、菜籽饼、麻籽饼、棉籽饼、花生饼、桐籽饼、茶籽饼等。饼肥富含氮、磷、钾，但不同饼肥的养分含量不尽相同。饼肥是一种迟效性有机肥，必须经过微生物的发酵分解后，才能更好地发挥肥效。

饼肥是一种养分丰富的有机肥料，含氮较多，含磷、钾较少，可直接作肥料施用。由于大多含有优质的蛋白质和油脂，也是良好的饲料。最好是先以油饼作饲料喂家畜，再以家畜粪尿作肥料，比直接施用更为经济。有些饼肥含有毒物质，不宜作饲料，如茶籽饼含有皂素，在工业上可作为洗涤剂和农药的湿润剂，应先提取皂素后再作肥料。饼肥肥效高而持久，可作基肥和追肥，适用于各种土壤和作物，一般多施在蔬菜、花卉、果树等附加值高的园艺作物上。饼肥可与堆肥、厩肥混合后作基肥，也可单独作追肥。

第四节　秸秆有机肥

一、推广秸秆有机肥的必要性

各种农作物的秸秆含有相当数量的营养元素，又具有改善土壤的物理、化学和生物学性状，增加作物产量等作用。大量秸秆被烧掉，既浪费又污染大气，应采取适宜措施大力推广秸秆还田，做到物尽其用。

作物秸秆因种类不同，所含各种元素的多少也不相同。一般来说，豆科作物秸秆含氮较多，禾本科作物秸秆含钾较丰富。根据对作物秸秆的不同处理方式，将秸秆还田分为堆沤还田、过腹还田和直接还田等。秸秆直接还田大致可分为秸秆翻压和秸秆覆盖两种。

二、微生物分解活动来完成腐解的3个阶段

秸秆直接翻埋在土壤中，通过微生物分解活动来完成腐解，分以下3个阶段。

第一阶段：也是最初分解阶段，通过以喜糖酶和无芽孢细菌为主的微生物群落活动，使秸秆中可溶性糖、淀粉等易分解的碳水化合物分解，当温度为20~30℃及土壤的含水量适当时，就能迅速分解，这一阶段为全程分解最快的阶段，也称为快速分解阶段，可维持15~40d。

第二阶段：从快速分解阶段进入减缓分解阶段，这时是以芽孢细菌和纤维分解细菌为主的微生物活动，分解较复杂的高分子碳水化合物，如纤维、果胶类和蛋白质等。

第三阶段：放线菌、某些真菌类取代了芽孢细菌，分解那些难分解的木质素、单宁、蜡质等成分更为复杂的高分子碳水化合物，该阶段分解速度缓慢。

第五节　绿　肥

一、绿肥的概念

利用植物生长过程中所产生的全部或部分绿色体，直接耕翻到土壤中作肥料，这类绿色植物体称为绿肥。绿肥的类型很多，利用方式差异很大。按其来源可分为栽培型和野生型绿肥，按植物学划分为豆科和非豆科绿肥，按种植季节划分为冬季、夏季和多年生绿肥。

二、绿肥在农业生产中的作用

(一) 提高土壤肥力

(1) 有利于土壤有机质的积累和更新。一切绿色体，包括豆科或非豆科植物，均含有丰富的有机物质，一般鲜草中含 12% ~ 15%，若以每公顷翻埋 15t，施入土壤的新鲜有机质达 1 800 ~ 2 250 kg/hm^2。翻埋绿肥能增加土壤有机质的含量，其增加的数量与施用绿肥品种的化学组成以及土壤原有有机质含量有关。

(2) 增加土壤氮素含量。绿肥作物鲜草中含氮量一般为 0.3% ~ 0.6%。生产上所施用的绿肥作物一般多为豆科植物，豆科作物具有较强的固定空气中游离氮的能力。一般认为，豆科作物总氮量的 1/3 左右是从土壤中吸收的，约 2/3 是由共生根瘤菌的固氮作用而获得的。每亩耕埋 1 000kg 鲜草，可净增加土壤氮素 30~60kg。因此，种植豆科植物（包括豆科绿肥）可以充分利用生物固氮作用增加土壤氮素，扩大农业生产系统中的氮素来源。

（3）富集与转化土壤养分。绿肥作物根系发达，吸收利用土壤中难溶性矿质养分的能力强。豆科绿肥作物主根入土较深，一般达 2~3m。所以，绿肥作物能吸收利用土壤耕层以下的一般作物不易利用的养分，将其转移、集中到地上部，待绿肥翻耕腐解后，这些养分大部分以有效形态存留在耕层中，为后茬作物吸收利用。

（4）改善土壤理化性状，加速土壤熟化，改良低产田。绿肥作物能提供较多的新鲜有机物质与钙素等养分，绿肥作物的根系有较强的穿透能力与团聚作用。绿肥作物大多具有较强的抗逆性，能在条件较差的土壤环境中生长，如瘠薄的沙荒地、涝洼盐碱地及红壤等。因此，绿肥作物不但能改善土壤的理化性状，而且在改良土壤方面起着重要的作用。

（5）减少养分损失。绿肥作物多在农田中就地种植和翻压利用，在其生长过程中将土壤中无机态营养物质转化为有机态，翻压后又分解为农作物可吸收利用的形态，这样减少了土壤养分的损失。

（二）防风固沙、保持水土的有效生物措施

除能够养地外，种植绿肥作物还有护田保土作用。因为绿肥作物具有繁茂的地上部，是良好的生物覆盖物，裸露的土地，经受着风沙侵蚀、雨水的冲刷，久而久之造成水土流失，将良田冲刷得沟壑纵横，支离破碎，缺水少肥，生产力极低。绿肥作物除地上部具有覆盖作用、减少冲刷外，地下部还有发达的根系，具有固沙、护坡作用，如紫花苜蓿、草木樨等根入土深达 2~3m，穿透力强，根量大。绿化造林对防风、保土效果最佳，但成林速度很慢，而种植绿肥作物当年即见成效，不仅保地还兼养地，不仅能促进粮食作物增产增收，还可促进畜牧业发展，以牧保农，所以发展绿肥也是农田的基本建设项目之一。

（三）有利于生态环境保护

种植绿肥作物，可以改善农作物茬口，而且一些绿肥作物还是害虫天敌的良好宿主，对病虫害的生物防治、减少农药对环境污染具有良好作用。

（四）绿肥是促进农牧业发展的纽带

农牧业间是互相依存、互相制约又互相促进的大农业，而绿肥又是种植业与养殖业共同发展的纽带。我国近年来实践证明，绿肥作物茎叶养畜，根茬还田，一举两得，效益成倍增加。作饲料时，茎叶中 30%养分被家畜吸收后转化为肉、奶等动物蛋白；另有 70%养分以粪尿排出体外，为农田提供肥料。种绿肥则当年养畜有饲草，翌年种地有肥料，比直接翻压肥田更科学、更合理、经济效益更高。绿肥综合利用的结果真可谓是草（绿肥）多畜兴旺，畜旺肥必增，肥增粮必丰，粮丰人心安。

三、常用绿肥作物

常用绿肥作物有 10 科 42 属 60 多种，共 1 000 多个品种。其中生产上应用较普遍的有 4 科 20 属 26 种，有品种 500 多个。现将我国生产上常用的重要绿肥作物的特性和分布简介如下。

（一）紫云英

又叫红花草籽等。豆科黄芪属，一年生或越年生草本植物。多在秋季套播于晚稻田中，作早稻或单季稻的基肥，是我国最主要的冬季绿肥作物。紫云英除用作绿肥外，还能直接或青贮用作饲料，或者用来放蜂，其蜂蜜的营养价值颇高。

紫云英主根较肥大，一般入土 30~50cm，侧根入土较浅，因此其抗寒力弱。紫云英的主根、侧根及地表的细根上部都具有根瘤，以侧根上居多。紫云英喜凉爽气候，适于排水良好的土壤。最适生长温度为 15~20℃，种子在 4~5℃时即可萌发生长。适宜生长的土壤水分为田间持水量的 60%~75%，低于 40%生长受抑制。虽然有较强的耐湿性，但渍水对其生长不利，严重时甚至死亡。因此，播前开挖田间排水沟是必要的。当气温降低到 -5~10℃时，易受冻害。对根瘤菌要求专一，特别是未曾种过的田块，拌根瘤菌剂是成败的关键。紫云英固氮能力较强，盛花期平均每亩可固氮 5~8kg。一般在紫云英的盛花期，产草量与含氮量达到高峰，是翻沤的最佳时期。水稻在插秧的前 20d 左右翻压，压草量为每公顷 1.5 万~2.25 万 kg。紫云英苗期株高增长缓慢，开春后随温度升高，生长速度逐渐加快，在现蕾以后迅速增加，始花到盛花期的生长速度最快，从现蕾到盛花期的株高增长长度约占终花期的 2/3。紫云英性喜温暖的气候，有明显的越冬期。幼苗期低于 8℃时生长缓慢；开春以后，生长速度明显加快。开花结荚的最适温度是 13~20℃。紫云英在湿润且排水良好的土壤中生长良好，怕旱，生长最适宜的土壤含水量为 20%~25%。

播种时，应选择适宜的品种及排灌条件好的田块。适当早播可提高鲜草及种子产量，但不能过早。秋播应在日平均气温下降至 25℃以下时为宜，春播以日平均气温上升至 5℃以上为好。播种量一般为每亩 1.5~3kg，长江以北每亩 2~3kg 为宜，长江以南每亩 1.5~2.5kg 为好。

（二）长柔毛野豌豆

又叫冬巢菜、苕子、毛苕菜等。豆科巢菜属，一年生或越年生匍匐草本植物。长柔毛野豌豆以秋播为主,华北、西北地区也可以春播。其抗寒性强于紫云英、箭筈豌豆,长江中下游地区幼苗的越冬率很高。耐旱。长柔毛野豌豆对磷肥反应敏感,在比较瘠薄的土壤上施用氮肥也有良好的效果,南方地区施用钾肥效果明显。其对土壤的要求不严,沙土、壤土、黏土都可以种植,适宜的 pH 值为 5~8.5,在土壤全盐含量为 0.15% 时生长良好。耐瘠性很强,在较瘠薄的土壤上一般也有很好的鲜草和种子产量。因此,适应性较广,是改良南方红壤、北方盐碱土、西北沙土的良好绿肥种类。种植长柔毛野豌豆,应选择适应性强的品种。南方温暖多雨,以生育期短的光叶苕子、蓝花苕子为好;华北、西北地区严寒少雨,以生育期较长、抗逆性强的毛叶苕子为主。作越冬绿肥时,应适当早播,华北、西北地区秋播在 8 月,淮河一带在 8—9 月,江南、西南地区在 9—10 月比较适宜。播种量每亩 3~5kg。播种时最好基施磷肥(每亩施过磷酸钙 10~20kg),可大幅度提高鲜草产量。

(三)箭筈豌豆

又叫大巢菜、春巢菜、救荒野豌豆、山扁豆等。豆科巢菜属,一年生或越年生草本。原引自欧洲和澳大利亚,中国有野生种分布。广泛栽培于全国各地,多于稻、麦、棉田复种或间套种,也可在果、桑园中种植利用。箭筈豌豆适应性较广,不耐湿,不耐盐碱,但耐旱性较强。喜凉爽湿润气候,在 -10℃ 短期低温下可以越冬。种子含有氢氰酸(HCN),人畜食用过量会有中毒现象,但经蒸煮或浸泡后易脱毒。种子淀粉含量高,可代替蚕豆、豌豆提取淀粉,是优质粉丝的重要原料。

(四)胡卢巴

又叫香豆子、香草子。豆科胡卢巴属的一年生直立草本。植株和种子均可食用,是很好的调味品。种子胚乳中有丰富的半乳甘露聚糖胶，广泛用于工业生产。植株和种子含有香豆素，是提取天然香精的重要原料，还是重要的药用植物。在我国西北和华北北部地区种植较普遍，多于夏秋麦田复种或早春稻田前茬种植，也可在中耕作物行间间种。胡卢巴喜冷凉气候，忌高温，在肥水条件和排水良好的土壤上生长旺盛，不耐渍水和盐碱，也不耐寒，在-10℃低温时越冬困难。

（五）金花菜

又叫黄花苜蓿、肥田草。豆科苜蓿属，一年生或越年生草本。原产地中海地区，我国主要在长江中下游的江苏、浙江和上海一带秋季栽培，是水稻、棉花和果、桑园的优良绿肥。其嫩茎叶是早春优质蔬菜，经济价值较高。金花菜喜温暖湿润气候，可在轻度盐碱地上生长，也有一定的耐酸性，能在红壤坡地上种植。其耐旱、耐寒和耐渍能力较差，肥水条件良好时生长旺盛。

（六）豌豆

为豆科豌豆属，一年生或越年生草本。全国各地均有种植，是重要的粮、菜、肥兼用作物。主要用作水稻和棉花前茬利用或麦田和中耕作物行间间种。多以摘青嫩荚作蔬菜，茎秆翻压作绿肥。豌豆适于冷凉耐湿润气候，种子在4℃左右即可萌芽，能耐-4~8℃低温。对肥水要求较高，不耐涝，在排水不良的田块上易腐烂死亡。如遇干旱，生长缓慢，产量低。

（七）蚕豆

又叫胡豆、罗汉豆。豆科野豌豆属，一年生或越年生草本。原产欧洲和非洲北部，我国各地均有栽培，也是一种优良的粮、菜、肥兼用作物。主要于秋季或早春播种，多用于稻、麦田套种或中耕作物行间间种，摘青荚作蔬菜或收籽食用，茎秆和残体还田作肥料。蚕豆喜温暖湿润气候，对肥水要求较高，不耐渍，不耐旱。

第六节 商品有机肥

一、主要种类

商品有机肥根据其加工情况和养分状况，分为精制有机肥、有机-无机复混肥和生物有机肥。

商品有机肥生产的主要物料包括畜禽粪便、城市污泥、生活垃圾、糠壳饼麸、作物秸秆、制糖和造纸滤泥、食品和发酵工业下脚料以及其他城乡有机固体废物，尤其以畜禽粪便、糖渣、油饼、味精发酵废液为原料制成的有机肥料品质较好。实际上前面提及的各种有机肥料都可以作为商品有机肥的原料。

二、制作介绍

（一）有机物料的发酵腐熟

商品有机肥工厂化生产大多采用以固态好气发酵为核心的集约化处理工艺，其工艺流程包括固液分离→物料预处理→堆沤发酵→翻堆→腐熟等过程。发酵过程的实质是微生物对有机物质的分解过程，与高温堆肥的情况基本一致，其中供气量、温度、湿度和碳氮比等是主要的发酵参数，因此调控技术的关键是为好气微生物创造适宜的环境条件。在堆沤过程中，堆温和 pH 值不断升高，导致氮素挥发损失。降低氮素损失和防止有机质的过度分解是提高商品有机肥质量的关键，可通过改进物料预处理，调节碳氮比、水分、pH 值以及控制发酵温度和时间等措施来解决上述问题。

（二）腐熟物料的造粒

腐熟物料一般质地较粗，黏结性差，成粒困难，长期以来成为有机肥生产的"瓶颈"。有机肥造粒在经历了传统的挤压和圆盘工艺后有所突破，新的造粒设备采用转鼓或喷浆工艺。

1. 挤压造粒

腐熟物料配以适量无机肥，经模具挤压或碾压成粒后直接装袋。该工艺对物料的选择和前处理比较严格，需调节至适宜的含水量，且要求质地细腻，黏结性好。

特点是工序简单，可以省去烘干环节；柱状颗粒较粗，成粒好，粒径均匀。但产品往往含水量较高，贮运过程中易溃散，生产能力偏低，相对动力大，设备易磨损。

2. 圆盘造粒

几乎所有的有机物料均可用圆盘工艺造粒。物料干燥、微粉碎后配以适量化肥，送入圆盘中，混合物料经增湿器喷雾黏结，随圆盘转动包裹成粒，再次干燥后筛分装袋。

特点是对物料选择不高，但须先干燥粉碎；生产能力适中；同比所需动力小。但工序烦琐，成粒率偏低，外观欠佳。

3. 转鼓造粒

该工艺通过在转鼓内设计独特的造粒器，利用物料微粒相互碰撞而镶嵌的原理，实现对高湿有机物料的直接造粒。

特点是适用范围广，对物料无特殊要求，工序简单，省去干燥和粉碎两个前处理过程，成粒率高，商品外观较好。

4. 喷浆造粒

该工艺以发酵行业产生的有机废水浓缩液为主要原料。有机废液经多效蒸发浓缩，再配以适量矿质肥料调制成浆料，送入喷浆造粒机，经高温热风闪蒸干燥成粒。

特点是集喷浆、干燥、造粒于一体，操作方便，产品球粒状，物理性状良好，商品档次高。但生产有机肥范围较窄，物料选择仅限于浆料，设备投入大，能耗高。

第七节 生物肥料

生物肥料是人们利用土壤中一些有微生物制成的肥料。它包括细菌肥料和抗生菌肥料。这种肥料是一种辅助性肥料，它本身不含植物所需要的营养元素，而是通过肥料中微生物的生命活动，改善作物营养条件或分泌激素刺激作物生长和抑制有害微生物的活动。因此，施用生物肥料都有一定的增产作用。

一、根瘤菌肥料

根瘤菌存在于土壤中及豆科植物的根瘤内。把豆科作物根瘤内的根瘤菌分离出来，进行选育繁殖，制成根瘤菌剂，称为根瘤菌肥料。

（一）根瘤菌的作用和特性

根瘤菌肥料施入土壤后，在适宜的条件下，遇到相应豆科作物，就会浸入根内，形成根瘤，根瘤菌的作用主要是通过体内固氮酶的作用，把空气中的游离氮素还原为植物可吸收的含氮化合物。据试验，每公顷豆科作物可固定氮素约75kg，相当于375kg硫酸铵，高的固氮可达750kg以上。由于豆科作物固氮量大并稳定，因此，种植豆科作物是一项经济有效的重要氮源。

根瘤菌具有感染性、专一性和有效性。

感染性是指根瘤菌能进入豆科植物的根内，进行繁殖，形成根瘤。感染性弱的根瘤菌不能迅速侵入根内形成根瘤。

根瘤菌只能生活在各自相应的豆科植物上，建立共生关系形成根瘤，这种特性称为根瘤菌的专一性。

各种豆科作物间互接种族关系是在一定品种特性和一定自然条件下形成的。在制造和使用时，必须注意这种特性，否则不能形成根瘤，起不到固氮和增产的作用。

根瘤菌的有效性是指根瘤菌的固氮能力，通常用固氮率表示。在各种根瘤菌中，不同菌株具有不同的固氮能力。种植豆科作物时施用优良根瘤菌剂是提高其产量的重要措施。

（二）根瘤菌的肥效及有效使用条件

目前我国根瘤菌肥主要推广应用于大豆、花生、紫云英等作物上。各地实践证明，施用根瘤菌肥均能获得较好的增产效果，根瘤菌肥肥效与菌剂质量、营养条件和土壤状况等有关。

1. 菌剂质量

菌剂要选用结瘤力强、固氮率高、侵染力强、适应性广的优良菌种。同时要求新鲜，每克菌剂中含活菌数在 2 亿~3 亿个，杂菌含量最多不得超过 3%~5%。

2. 营养条件

根瘤菌与豆科植物共生要有一定的营养条件。在豆科植物生长初期，施少量无机氮肥有利于豆科植物的生长和根瘤的形成。根瘤菌和豆科植物对磷、钾、钙、钼、硼、铜、钴等营养元素比较敏感，播种时配施磷、钾肥和硼、铜肥是提高根瘤菌剂增产效果的重要措施之一。

3. 土壤状况

根瘤菌喜通气、湿润的土壤。一般在土壤疏松、含水量相当于田间持水量的 60%~70% 时，能发挥其增产效果。根瘤菌能耐低温，但以 20~24℃ 时较好，温度高于 25℃ 时。紫云英的结荚率显著降低。根瘤菌对土壤反应也较敏感，在 pH 值 4.6~8.0 范围内虽然能形成根瘤，但以 pH 值 6.7~7.5 最适宜。酸性土壤上施用石灰，能显著提高结瘤效果，各地试验表明，不论是新种或多年未种豆科作物的土地，或是绿肥作物生长不良的老区，还是高产田块，施用根瘤菌剂都有良好的效果。

（三）根瘤菌肥的施用方法

其主要施用方法是拌种。要播种前将菌剂加适量清水或新鲜米汤，拌成糊状，再与种子拌匀，置阴凉处，稍干后拌上少量泥浆裹种，最后拌磷、钾肥，或添加少量钼、硼微量元素肥料，立即播种。磷、钾肥用量一般每公顷用过磷酸钙 37.5kg、草木灰 75kg 左右，并注意拌匀，以消除游离酸的不良影响。根瘤菌的用量视作物种类、种子大小及菌剂质量而定，一般是大粒种子以每粒沾上 10 万个以上活菌，小粒种子以每粒沾上 1 万个以上活菌的效果较好，以大豆为例，一般每亩用根瘤菌剂需有 250 亿~1 000亿个活根瘤菌，质量好的，每公顷用 2 250g 左右。菌肥拌种时不能拌入杀菌农药，以免影响根菌的活性。如来不及作拌种肥时，早期追肥也有一定的效果。

在根瘤菌肥供应不足的地区，可采用客土法或干根瘤法接种。客土法是在豆科绿肥收刈时，挖若干表土，置于盆钵内到下一次播种时用客土 7.5kg，加入适量磷钾肥拌匀后拌种，干根瘤法是在绿肥翻压时，选择植株高大、根瘤红润粗壮的根，挂在通风避光的地方风干，到下次播种时，取下根瘤加少量水捣碎后拌种施用，每公顷用量 3 750g 左右。这两种方法虽然有一定的效果，但用根瘤菌剂的效果更好。

二、自生固氮菌肥料

自生固氮菌肥料是指含有大量好气性自生固氮菌的细菌肥料，或称固氮菌剂。固氮菌生存于土壤中，能把空气中的氮素转化为含氮化合物，供植物吸收利用。在适宜的条件下，一般每公顷土壤每年可固定氮素 15~45kg。此外，它还能分泌一些生长素，刺激作物生长发育。

自生固氮菌剂可作基肥、追肥、拌种和蘸根，但多做拌种用。施用自生固氮菌时应做到随拌、随播、随覆土，并配施以适量的磷钾肥料。自生固氮菌对水稻、棉花、小麦、玉米、高粱、烟草、甘蔗和蔬菜等都有一定的增产作用。由于自生固氮菌生活在土壤中，因受土壤水分通气条件、酸碱度和肥力等因素影响较大，故其增产不及根瘤菌肥稳定。

三、生物钾肥

是一种含有大量好气性的硅酸盐细菌的菌剂。这种细菌能够分解长石、云母等硅酸盐和磷灰石，使这些难溶性的磷、钾养料转化为有效性磷和钾，供植物吸收利用。钾细菌对环境条件适应性强，对土壤要求不太严格，即使养分贫瘠的土壤，也能正常生长。最适宜生育的温度为 25~30℃，pH 值为 7.2~7.4，当 pH 值小于 5 或大于 8 时，其生长将会受到抑制。

生物钾肥适宜在喜钾作物和缺钾土壤上施用。其用量：固体型每公顷施 7 500~11 250 g，液体型每公顷用 1 500~3 000 mL。使用时要注意"早"（最好作基肥和种肥），拌种、拌土或拌有基肥要"匀"，离根要"近"。

第八节　有机碳肥

一、有机碳肥的含义

广义上讲，凡是含小分子水溶有机碳的能给农作物提供有机碳养分的制品，都可以称为"有机碳肥"。有些制品虽然含碳且溶于水，但它含量更多、起更主要作用的活性物质并非小分子水溶有机碳而是其他物质，如某些化学激素以及多肽、氨基酸、海藻酸、有机农药等，就不被称作"有机碳肥"。

主要功能是向土壤和农作物提供有机碳养分。这一类制品以固液有机废弃物为主要原料，通过生物分解或化学裂解的办法制造。

二、有机碳肥与商品有机肥的不同

从大的范畴看，有机碳肥和商品有机肥同属一大类，都是有机类肥料。但两种肥料的性质、功能、标准和生产工艺都是不同的，以下分别予以说明。

（一）性质不同

（1）商品有机肥指经过工厂化生产，不含有特定肥料效应微生物的商品有机肥料，以提供有机质和少量养分为主。

（2）有机碳肥向植物提供有机碳养分，除了其衍生品种外，不负责提供无机养分。如果有机肥料的生产工艺改为半厌氧不翻堆发酵和高堆焖干工艺，就可提升为"高碳有机肥"，这是一种性质介于商品有机肥与有机碳肥之间的产品，应该是有机肥产业技术改造的方向。

（二）功能不同

（1）商品有机肥只用作农作物的基肥，有利于农作物根系通气吸水，也有利于提高化肥利用率，但作用效果慢、用量大。

（2）有机碳肥由于有机碳养分的速溶性，以及给土壤微生物提供碳能源，还有特强的促根作用，因此表现出对土壤和农作物速效与长效兼备的作用。如果以单位质量产品产生的增产效益对比，有机碳肥的功效是商品有机肥的 10~20 倍。

（三）标准不同

（1）商品有机肥的正面标准是两条，一是"有机质含量（干基计）≥45%"；二是"总养分（$N+P_2O_5+K_2O$）（干基计）≥5%"。

（2）有机碳肥的正面标准是三条，一是固体"有机质含量≥45%"，液态"有机质含量≥250g/L"；二是固体"水溶有机碳含量≥5%"，液态"水溶有机碳含量≥150g/L"；三是"水溶有机碳有效率≥95%"。

有机碳无机复混品种加（$N+P_2O_5+K_2O$）或微量元素含量，带功能菌品种加含菌量。

（四）生产工艺不同

1. 商品有机肥生产工艺流程

好氧菌高温发酵—多次翻堆—高温烘干。

2. 有机碳肥生产工艺流程

（1）固态有机碳肥。含碳兼氧菌半厌氧发酵高堆焖干+有机碳复混。

（2）液态有机碳肥。浓缩有机废液—氧化催化裂解。

可以看出，有机碳肥生产工艺都避免了高温工艺，这对于保持小分子和官能团的活性至关重要。

三、有机碳肥最主要的技术指标

有机碳肥有很多个品种，各有不同技术指标，但是"水溶有机碳"和"有机碳有效率"两个主要指标则是各品种都必须具备的。

"水溶有机碳"是指肥料样品水溶那部分有机质里的"碳"。据大量实验资料，商品有机肥料"水溶有机碳"平均含量约为1%，而有机碳肥的"水溶有机碳"最少的是5%，最多可达到15%以上。

"有机碳有效率"。上述"水溶有机碳"中能通过650nm滤膜部分的"碳"，才是有效碳，标示符号为"EC"。EC值除以上述过滤前的"碳"含量（以相同样品计），就是"有机碳有效率"，即只要通过 650nm 滤膜，一定能被植物根系和土壤微生物直接吸收，是安全而有效的碳养分。

四、有机碳肥易被根系吸收

首先得从有机碳肥的有效成分小分子水溶有机碳的特性讲起。小分子水溶有机碳不但分子小，而且在水溶液中分子结构呈不定形云团状，这就使它极为亲水。

另外，同是有机物质的植物根毛和土壤微生物对生物质的小分子水溶有机碳特别亲和，容易接纳。这就使小分子水溶有机碳具备了易被吸收的基础条件。

五、有机碳肥品种

有机碳肥的基础产品是液态有机碳肥和固态有机碳肥，由这两种基础产品和微生物菌剂，与各种高浓度化肥混配，又可以制造出其他衍生品种，所以目前已制造出多款不同功能的有机碳肥，以下介绍 6 个重要的品种。

1. 液态有机碳肥

这是目前含有效碳（EC）率最高的品种，其主要指标是水溶有机碳≥150g/L，水溶有机碳有效率≥95%。这种肥料水溶性速效性非常好，适用兑水浇施或叶面喷施，作追肥或定根水，也适合作种子泡种，为农作物紧急补碳。

2. （固态）有机碳菌肥

有效碳含量≥5%，功能菌≥$2×10^7$个/g。

这个品种主要用作替代传统有机肥，施基肥时用。其改良土壤和促进根系的作用十分明显，一般每茬每亩用 50 ~ 100kg。如施后立即移种幼苗，或幼苗种后补施此肥，应尽量避免幼苗根系直接接触肥料，这一点与使用化肥类似。

移苗后浇上定根水，有机碳肥的养分会渗流出来，很快被幼苗根系吸收，恢复长势，缩短蹲苗期。

一般提倡与颗粒化肥混合使用，化肥用量按常规施用。

生长期较长的农作物中途追肥也可用此产品，与化肥混施，但要见效必须施后浇水。

3. （固态）有机碳菌剂

有效碳含量≥12%，功能菌≥$2×10^8$个/g。

这个品种是目前最高档的固态有机碳肥，每茬每亩用量15~30kg。

主要用作经济作物的基肥，尤其是大棚作物和山地作物，也用作苗床土的添加料。该产品防抗土传病害和促根功效显著，对于已经有土传病害的土地，尽可能在移播前1周左右施本品并适当浇水（不是淹水），使其菌群迅速繁殖控制土壤生态，土传病害危及作物的概率将大幅度下降，甚至可以达到不发病。

本品埋施配合液态有机碳追施，可以抢救黄化和早落叶病果树。

4. 液态有机碳复混肥料

包括与大量元素肥和中微量元素肥的复混产品，有效碳含量≥120g/L，其他无机养分含量因品种各异，其中有机碳水溶肥$N+K_2O≥150g/L$，（$Zn+Mn+B$）30~50g/L全水溶。

这类产品如以中微量元素复混，一般用作叶面喷施；如以大量元素复混，主要用于兑水作追肥，尤其是管道滴灌，可代替化肥，用量可与常规使用化肥量比较，无机养分总量与之相当或减少20%左右，但增产量可达50%以上，且农产品耐贮运，口感优于纯有机种植，非常适合规模高优农业。

5. 固态有机碳复混菌肥

有效碳含量≥6%，$N+P_2O_5+K_2O≥25\%$，功能菌≥2×

10^8个/g。

这个品种有效碳含量高、无机总养分含量高、功能菌含量也高，把有机碳养分、无机养分和功能微生物巧妙地组装在一颗肥粒里，可同时替代有机肥、化肥和微生物肥料，单位面积用量约为单施普通高浓度化肥用量的1.6倍。每茬每亩用量为80~150kg。

这种肥料可作基肥，也可作追肥。但作追肥应埋施并加浇水以迅速发挥微生物的作用。

6. 高碳生物有机肥

有效碳含量≥3.5%，$N+P_2O_5+K_2O≥12\%$，功能菌≥2×10^7个/g。

这是一款"普及型"多功能有机碳肥产品。一般用作基肥，当每茬农作物每亩用量达到200~300kg时，可完全替代有机肥、化肥和微生物肥料。改良土壤促进增产效果明显。

第二章 蔬菜有机肥施用技术

第一节 茄果类蔬菜

茄果类蔬菜包括番茄、茄子和辣椒等茄科以采收果实为产品的一类蔬菜，属喜温耐肥性蔬菜。这类蔬菜根系发达，吸肥力强，其中以茄子的吸肥能力最强，辣椒次之，番茄的耐肥力较低。茄果类蔬菜生长阶段性比较明显，可分为苗期和开花结果期两个阶段，苗期以营养生长为主，并完成花芽分化，而开花结果期与整个植株的生长发育及总产量有关。茄果类蔬菜各阶段需肥不同，施肥一般分育苗肥、移栽肥和追肥3种。茄果类蔬菜育苗方法和用肥量基本相同，但移栽肥和追肥略有差异。

培育壮苗是减少畸形果、增强抗病性和获得高产的基础。培育壮苗不仅需要肥沃疏松的床土，而且还需要土壤中有丰富的速效氮、磷、钾和其他养分，pH 值在 6.0~7.0 范围内。营养土可按没有种过茄果类的菜园土 60%、细沙 20%、生物有机肥 20%，混合均匀后，在每 100kg 营养土中加过磷酸钙 3kg、硫酸钾 0.2kg。如果采用苗床育苗，一般每平方米苗床土用生物有机肥 2kg，撒施后结合翻地与 15cm 耕层内的土壤混合均匀后播种。

一、常规番茄

按一茬每亩产果实 1 万 kg 设计投肥，需纯氮 38.6kg，土壤

中需维持 19kg 为足；五氧化二磷 11.5kg，基施为主；氧化钾
44.4kg，在结果期施入为主。每千克碳素可产鲜秆、果各 10kg，
需碳素有机质 1 000~1 300kg。第一年新菜地可多施入土壤储备
量 1 倍左右，第二茬减少 50%。每亩备 3 000kg 干稻秆沤制肥，
可供碳 1 350kg；或牛粪 4 000kg，含碳 1 040kg，加腐殖酸肥
100kg，含碳 250kg、氮 13.5kg、磷 6.6kg、钾 17.1kg。1 000kg
鸡粪中含碳 250kg、氮 16.5kg、磷 15kg、钾 8.5kg。总碳 1 600kg
左右，氮 30kg、磷 21.6kg、钾 25.6kg，碳够、氮多、磷足，缺
钾 23kg，番茄地富钾也可增产，故结果期再追施 45% 生物钾
100kg。鸡粪过多会引起氮磷浪费和肥害，造成植株生理失衡而
染病减产。如秸秆不足可用腐殖酸肥补充。碳元素需施入 EM 生
物菌，固体 10~20kg，液体 2kg，或生物菌肥固体 50kg，液体
1kg，分解和保护碳氮营养。中后期追施液体菌 4~6kg，并能持
久吸收空气中二氧化碳和氮气，补充量可达 60% 左右，分 2~3
次冲施。土壤碳氮比达 (30~80):1。土壤本身碳氮比为 10:1。
低投入，高产出，营养平衡好管理，达到有机食品要求。谨防盲
目多施鸡粪肥，造成土壤浓度大，营养过剩而多病减产。因每亩
土壤氮存量 19kg 为平衡，磷要保持酸性均衡供应，故鸡粪要穴
侧施或沟施。

二、有机番茄

有机番茄生产与常规番茄生产的根本不同在于病虫草害和肥
料使用的差异，其要求比常规番茄生产的要求高。

(一) 施肥技术

只允许采用有机肥和种植绿肥。一般采用自制的腐熟有机肥
或采用通过认证、允许在有机番茄生产上使用的一些肥料厂家生
产的纯有机肥料，如以鸡粪、猪粪为原料的有机肥。在使用自己

沤制或堆制的有机肥料时，必须充分腐熟。有机肥养分含量低，用量要充足，以保证有足够养分供给，否则，有机番茄会出现缺肥症状，生长迟缓，影响产量。针对有机肥料前期有效养分释放缓慢的缺点，可以利用允许使用的某些微生物，如具有固氮、解磷、解钾作用的根瘤菌、芽孢杆菌、光合细菌和溶磷菌等，经过这些有益菌的活动来加速养分释放和养分积累，促进有机番茄对养分的有效利用。

（二）培肥技术

绿肥具有固氮作用，种植绿肥可获得较丰富的氮素来源，并可提高土壤有机质含量。一般绿肥的产量为 2 000 kg，按含氮 0.3%~0.4%，固定的氮素为 68 kg。常种的绿肥有紫云英、苕子、苜蓿、蒿枝、兰花籽、箭筈豌豆、白花草木樨等 50 多个品种。

（三）允许使用的肥料种类

有机肥料，包括动物的粪便及残体、植物沤制肥、绿肥、草木灰、饼肥等；矿物质，包括钾矿粉、磷矿粉、氯化钙等物质；另外还包括有机认证机构认证的有机专用肥和部分微生物肥料。

（四）肥料的无害化

处理有机肥在施前 2 个月需进行无害化处理，将肥料泼水拌湿、堆积、覆盖塑料膜，使其充分发酵腐熟。发酵期堆内温度高达 60℃ 以上，可有效地杀灭农家肥中带有的病虫草害，且处理后的肥料易被番茄吸收利用。

（五）肥料的使用方法

（1）施肥量。有机番茄种植的土地在使用肥料时，应做到种菜与培肥地力同步进行。使用动物肥和植物肥的比例应掌握在 1∶1 为好。一般每亩施有机肥 3 000~4 000 kg，追施有机专用肥 100 kg。

（2）施足底肥。将施肥总量 80% 用作底肥，结合耕地将肥料均匀地混入耕作层内，以利于根系吸收。

（3）巧施追肥。对于种植密度大、根系浅的番茄可采用铺肥追肥方式，当番茄长至 3～4 片叶时，将经过晾干制细的肥料均匀撒到菜地内，并及时浇水。对于种植行距较大、根系较集中的番茄，可开沟条施追肥，开沟时不要伤断根系，用土盖好后及时浇水。对于种植株行距较大的番茄，可采用开穴追肥方式。

三、茄子

按一茬每亩产 2.5 万 kg 茄子设计投肥。每千克氮可供产果实 380kg，叶片消耗 40%，共需纯氮 92kg；每千克磷可供产果实 660kg，叶秆消耗 30%，共需磷 49.8kg；每千克钾可供产果实 170kg，共需钾 147kg；每千克碳可供产果实 10～14kg，茎蔓消耗 6～10kg，共需施碳 2 000kg。每亩施 2 500 kg 鸡粪，含氮 40.7kg、磷 37.5kg、钾 21.5kg、碳 625kg。施 7 000kg 牛粪，含氮 22.4kg、磷 14.7kg、钾 11.2kg、碳 1 750kg。鸡、牛粪总含氮 63.1kg、磷 52.2kg、钾 32.7kg、碳 2 375 kg。同时需施 EM 生物菌液体 30～45kg，或 CM 生物液体 25～30kg（1kg 兑水 10kg 拌红糖 1 000g 随水浇入田间）。氮、磷素供需数量基本吻合，缺钾 500kg，碳 812 余千克，土壤中碳素充足对作物生长有利无害，生长期每隔 10d 随水冲 EM 生物菌 1～2kg 或 CM 生物菌 500～1 000g，冲施 45% 的钾 10～25kg，果实膨大快，不易染病死秧，以防裂茎折枝，并且果实重，充实丰满。应从早期注重控秧防徒长，将茎节控制在 12cm 左右，稍有徒长，按 600 倍液植物诱导剂叶面喷洒 1 次，控秧，提高叶片光合强度；每隔 15d 叶面喷 1 次植物修复剂，保持叶片平展，果色油亮。每层果长成后将果下叶片摘掉。必须用生物菌分解保护有机碳营养，吸收空气中的二氧化碳（300mg/kg）和氮气（含量 73.1%），第一年栽茄子可增加粪肥

30%，3年以上的地块持平或减少用粪肥。因土壤中亩含氮19kg为平衡，磷要保持酸性均衡供应，故鸡粪要与生物菌混合，穴侧施或沟施。

四、辣椒

（一）施肥特点

辣椒对土壤要求不严，各类土壤均可种植，其生长期长，但根系不发达，根系浅、根量少，不耐旱也不耐涝，需肥量大，耐肥能力强，属高氮、中磷、高钾型蔬菜。此外，不同品种需肥种类和数量也有差异，小果型品种需氮量较多。研究证明，每生产1 000 kg辣椒，需要从土壤中吸收氮（N）4.91kg、磷（P_2O_5）1.19kg、钾（K_2O）6.02kg，三者的比例为1.00∶0.24∶1.23。

辣椒以采收嫩果为主，要重视钾肥的使用，这对改善果实品质非常重要。此外，还要重视中微量元素的施用，尤其是钙肥，一旦缺乏，果实易发生脐腐病。

（二）施肥方案

1. 基肥

辣椒根系不发达，吸收能力相对较差，对土壤的通透性等要求较为严格，在通透性良好、肥料充足的土壤中才能长得更好。因此，辣椒的底肥一定要重视有机肥的施用。

可施用纯商品微生物肥，每亩用量为60~100kg。

2. 追肥

开花结果期，这段时间以追肥为主。一般来说，门椒长成就表明辣椒的需肥高峰期到了。这一时间应加强营养供应才能保证辣椒中后期的产量，可每亩加施20~30kg的冲施肥或者用相同用量的地滴灌，不宜冲施过多。

另外，蔬菜生长后期，辣椒根系容易受伤，应该重点施用生物菌肥、甲壳素等养护根系。每采收 2~3 次，追肥 1 次并浇水。在水分管理上，深冬季节要控制浇水，2 月中旬以后，气温升高，植株蒸腾量大，可增加浇水次数。

五、施用生物有机肥的优点

有机肥对蔬菜种植地的土壤物理化学性质有很大的影响，土壤团粒结构、透水性、保水量、通气、吸收量以及缓冲性等都决定于土壤有机质；它含有无数微生物活体，同时也是微生物的养分和能量的来源；分解有机物逐步释放各种元素、养分全面。

土壤有机质缺乏还会导致菜品缺素症和各种病害。土壤有机质缺乏，土壤瘦瘠易诱致缺锌症；在强酸性土中或沙质土中，如土壤缺锌、铜、镁、铁元素，可伴随缺锰；有机质是土壤中硼的主要来源之一，有机质含量高的土壤中水溶态硼含量也多。土壤黏重、土层浅薄、有机质含量低易发生炭疽病；疏于管理、肥水不足、土壤缺乏有机质的会发生黑斑（黑星）病并且较重。

施用有机肥料，有利于土壤团粒结构的形成和维持，能够提高土壤的保肥、蓄水能力。据测定，有机质的吸水量可达自身重量的 5~6 倍，比黏土大 10 倍，因而能够显著增加土壤的容水量和有效水含量。有机质还可吸收并保持大量可溶性物质，尤其对盐类的吸收和保持力更强，一般每百克有机质的平均盐基置换容量为 300~400 毫克当量，比矿质土粒大 5~6 倍。有机质还能显著增加土壤的缓冲性，有利于各种矿质营养元素足量、均衡供应。

有机质是土壤微生物不可缺少的能源，有利于土壤微生物的繁殖和活动，促进有机物的分解和转化，有利于增进地力。由于有机肥料具有上述优点，重视施用有机肥料，就是实现壮苗、优质、丰产的重要基础。但因土壤有机质每年被大量分解消耗，所以经常施用有机质肥料，不断补充被消耗的土壤有机质，便成为一项十分重要而不可缺少的施肥措施。

提高肥料利用率。事实证明，单纯施氮肥，由于挥发、淋失、径流等原因，氮的利用率只有 30%～50%，且造成地下水污染，采用生物有机无机肥料混合的办法可大大提高氮肥的利用率；同样，由于无机磷肥在土壤中容易产生不溶性化合物，磷的利用率很低，而施用生物有机肥后，有机肥可与钙、镁、铁、铝等金属元素形成稳定络合物，从而减少对磷的固定，有助作物对磷的吸收，大大提高磷的利用率。而且施用生物有机肥可以增加作物的产量，减少肥料的使用量，降低生产成本的同时，对于蔬菜等特种经济作物更有改善品质、增高产量、增强后劲的显著效果。

第二节 瓜类蔬菜

瓜类蔬菜包括黄瓜、南瓜、冬瓜、西葫芦、苦瓜等葫芦科中以采收嫩果或老熟果为产品的一类蔬菜。瓜类蔬菜为蔓性植物；茎长可达数米。瓜类蔬菜的全生育期中，相当长的时间为营养生长和生殖生长并进的阶段，以黄瓜最为典型，尤其在进入结果期以后其生长和结果之间的矛盾突出，必须十分注意肥料的供应，以调节植株的生长和养分吸收分配间的平衡。

瓜类蔬菜的育苗营养土要求质地疏松，透气性好，养分充足，pH 值为 5.5～7.2，配制方法参照番茄的营养土配方。在营养土配制时，加入营养土总量 2%～3% 的过磷酸钙对促进秧苗根系生长、培育壮苗有明显的作用。采用苗床育苗，在播种前整地时，按每平方米用 2kg 生物有机肥的量均匀撒施，施后翻耕播种。

一、黄瓜

温室按每亩产 1.5 万~3 万 kg 黄瓜计算，每千克碳可供产瓜 12kg，第一茬或土壤瘠薄，需多施土壤缓冲量 30%~60%，共投碳素营养 1 500~2 500kg；第二茬减半，需氮 39.4~40kg、磷 22.5~45kg、钾 75~150kg。

早春大棚和露地产量低，可按比例下浮用肥 30%~60%。基肥每亩施含碳 45% 干玉米秸秆 3 500~4 500kg 堆沤肥，含碳量 1 575~2 025kg、含氮 0.45% 合 15.75~20.25kg、含磷 0.32% 合 11.2~14.4kg、含钾 0.57% 合 19.95~25.65kg。

或牛马粪 7 000kg，含碳 25% 合 1 750kg。含碳 50% 的腐殖酸肥 200kg 合 100kg，合计含碳 1 850kg。再拌鸡粪 1 500kg，含碳 25% 合 375kg、含氮 1.6% 合 24kg、含磷 1.5% 合 22.5kg、含钾 0.85% 合 12.75kg。两肥合并含碳 2 225kg 左右。生长中后期还需追施少量碳素有机肥，含碳 25% 有机鸡猪粪肥 1 000kg 左右。每亩施 EM 有益菌 2kg 左右，吸收保护氮素；不断分解磷，防止失去酸性而与土壤凝结失效，并均衡供应。40.5kg 钾相当于含钾 45% 的生物钾 90kg，按每千克产瓜 85kg 计算，可维系产量 7 650kg，尚需在结瓜中后期补充 45% 生物钾 100~250kg，以满足产瓜 1.615 万~2.89 万 kg 钾的需要。3 年以上的地块施肥可少 30% 左右。常用生物菌可吸收空气中的氮，即可达到植物和土壤营养平衡。碳钾充足，氮磷不浪费、不过多成害，土壤可持续利用。因每亩土壤中保持 19kg 氮为浓度平衡，磷保持酸性才能均衡供应，故有机肥混合沤制后 1/3 普施，2/3 沟深施。不需补充氮、磷化学混合肥料。

二、冬瓜

冬瓜栽培分为地冬瓜、棚冬瓜和架冬瓜 3 种栽培方式。冬瓜的根系非常发达，要求土层深厚，因此必须深耕 25~35cm。整地前施足基肥，一般亩施生物有机肥 100~150kg，配施过磷酸钙 40~50kg，然后根据栽培方式作畦挖穴。定植后，用腐熟粪水浇施 2~3 次，促其快长。当果实长到拳头大小时，追施坐果肥 1 次，亩施生物有机肥 20~40kg，配施尿素 5kg。当第一批瓜采收后至第二批瓜着生前追施生物有机肥 40kg。

三、南瓜

南瓜根系发达，对土质要求不严，但它的生长期长且喜肥，须深耕。南瓜以直播为主，除为提早上市用保护地育苗移栽外，很少育苗。播种前开沟施肥，每窝施入生物有机肥 0.5kg，与土层混匀后直接播种。南瓜生长期长，产量高，消耗养分多，除施足基肥外，还应分期追肥。追肥要生长前期勤施薄施；结果期重施。苗期以腐熟的粪水浇泼为主，防止徒长，影响坐果；结果后株穴施生物有机肥 1kg，促进果实肥大。

四、苦瓜

苦瓜为一年生攀缘草本植物，其根系较发达；侧根多。苦瓜在定植前整地施基肥。一般亩施生物有机肥 120~150kg，撒施后作畦或垄。苦瓜生长期长，雌花多，可连续不断地结瓜，采收时间长，消耗肥量大，及时追肥，以补充养分。在开花结果后，结合浇水隔 15~20d 追 1 次肥，追肥量为亩用生物有机肥 20~30kg。结果盛期应增施 1 次过磷酸钙，延长采收期，增加产量，提高品质。

五、西瓜

常规栽培亩产量 3 000kg 左右，按有机肥、有益菌、植物诱导剂、钾、植物修复素技术，产量翻番。每亩栽800株左右，在每株的根系下穴施牛粪3~4kg，拌鸡粪0.5kg，可供产西瓜10kg左右。粪肥提前20d用2kgEM生物菌分解，或穴、沟施入田间后，在穴沟粪上浇入生物菌分解和平衡土壤与植株营养。结瓜期每株随水穴灌硫酸钾200g，分2~3次施入，膨瓜增甜。定植后每亩取25g植物诱导剂，用250g开水化开，放48h，兑水20kg，均匀地浇灌在西瓜秧根茎部，增根，提高光合强度。如结瓜期秧蔓过大，叶面上喷1次800倍液的植物诱导剂控蔓促瓜。西瓜膨大期叶面喷1~2次植物修复素，壮瓜控蔓，瓜下垫草，或用网袋悬吊瓜增加甜度，瓜面光滑，瓜瓢沙脆。

六、甜瓜

甜瓜选适销对路品种，如黄绿色、金黄色、米黄色和浅绿色，圆形品种，杜绝生瓜上市。

不施氮、磷化肥，保证钾、碳肥和生物菌液。过量施氮素肥，不仅可萌生过多侧枝，分散营养，影响膨瓜，而且会降低含糖量。在有机肥施足、瘠薄地可增施标准用量的50%前提下，叶面结构以互不拥挤、田间散射光充足、地面可见直射光5%左右为准。

钾是甜瓜膨大的主要营养，结瓜期按100kg 50%硫酸钾产瓜6 000kg投入，可大幅度提高产量，增加含糖量0.8%左右。每亩施50kg芝麻或大豆饼肥食味更佳。

保证在结瓜期昼夜温差在15℃左右，即白天28℃，晚上12~13℃。越冬栽培宜建造无后墙或短后墙生态温室，冬至前后室内最低温度在12℃以上，白天30℃左右，保证光合强度、营养运转和积累。

禁止大水漫灌：甜瓜根系浅而密集，持水耐旱，不需大水漫灌，否则易积水沤根，影响光合产物的积累，使瓜小质劣。可装备滴管或铺沙降湿栽培。

盐碱地平栽盖地膜：pH 值超过 7.5 的水土地块，为防止地面土含碱过重，可采取平畦栽植。11 月至翌年 4 月铺地膜保墒保温，控湿控碱。

第三节　绿叶类蔬菜

绿叶类蔬菜的种类多，包括芹菜、菠菜、茼蒿等。绿叶类蔬菜生长期短，株型小，根系浅，单株产量低，种植株数多，以撒播或高密度定植为主，一年可多茬次栽培，对土壤肥水的要求严格。

一、芹菜

芹菜在整个生育期中对养分的吸收量与生物量的增加是一致的，各养分的吸收动态基本一致，呈"S"形曲线，秋播芹菜营养生长盛期也是养分吸收量的高峰期，即播种后 68~100d，此期对氮、磷、钾、钙、镁五要素的吸收量分别占总吸收量的 84% 以上，而其中钙和钾高达 98.1% 和 90.7%。其中需氮量最高，钙、钾次之，磷、镁最少。氮、磷、钾、钙、镁的比例大致为 9.1：1.3：5.0：7.0：1.0。一般生产 1 000kg 芹菜，氮、磷、钾三要素的吸收量分别为 2.00kg、0.93kg、3.88kg。要选择含钙和钾高的有机肥施用。

菠菜以撒播为主，播种密度大，多秋冬及早春栽培，分次采收。菠菜一般选用肥力好的田块，亩施生物有机肥 100~120kg，播种浅覆土后浇 1~2 次腐熟粪水，出苗至采收期追施 2~3 次，每次追施生物有机肥 20kg 或腐熟粪水。

二、茼蒿

每亩用优质农家肥 2 500~5 000 kg，人工深翻 2 遍，把肥料与土充分混匀。

追肥以有机氮肥为主，苗高 10~12cm 时追第一次肥，以后每采收 1 次追施 1 次，每次亩追施有机氮肥 15~20kg。

秋茼蒿的播种期为 8 月下旬至 9 月下旬，选土壤肥沃、疏松、保水保肥性好、排灌方便的田块，经翻耕、细整后，做成宽 1~1.2m、长 10~15m 的畦，亩施腐熟厩肥 3 500~4 000kg，配施生物有机肥 15~20kg 作基肥。品种可选用大叶品种，条播或撒播均可。条播行距 8~10cm，播幅 5~6cm，每亩用种量 2.5~3kg。也可点播，每亩用种量 0.85kg。播种前浸种 24~28h，捞出后置于 15~20℃ 的环境下催芽，保持湿润，每天冲洗 1 次。播种后覆土 1.5cm 厚。

出苗后，经常保持土壤湿润，在植株 4 片真叶时进行第一次追肥，每亩追施有机氮肥 5~7.5kg；8~10 片真叶时追施第二次肥料，每亩追施 7.5~10kg 有机氮肥。播种后 40d 左右待苗高 15cm 左右时即可采收，可用刀割、剪刀剪或手掐。收割后 1~2d，亩追施有机氮肥 7.5kg，促使侧枝盛发。以后每隔 20d 左右采收 1 次，直至开花为止。

三、生菜

生菜要求富含有机质、保水保肥力强的黏质壤土，生菜喜微酸性，土壤 pH 值为 5~7。每生产 1 000 kg 生菜，需吸收氮 2.5kg、磷 1.2kg、钾 4.5kg，其中结球生菜需钾更多。生长期需要氮、磷、钾肥配合使用。定植生菜的地块要深耕细作，定植前施足基肥，亩施腐熟农家肥 3 000~3 500kg，施后深翻，浇足底水，见干后作畦。

定植前一天将苗床灌水，使苗坨湿润，翌日起苗尽量多带土，减少根系损伤。定植时，先在畦面开沟，沟深 4～6cm，70cm 畦面栽 3 行，开沟后按每亩 25kg 施入三元复合肥后灌水，水渗后按株距 24cm 摆苗培土封沟，将畦面耙平，覆地膜，引苗出膜。

生菜喜湿，全生育期要求有充足水分供应。定植 5～7d 后浇 1 次缓苗水。浇缓苗水后没盖地膜的地块进行 2 次中耕松土除草。以后浇 3～4 次水，结合浇水分期追施氮、磷肥，亩施 15～20kg。采收前停止浇水，以利贮运。

四、香菜

科学合理施肥是香菜优质丰产栽培中的关键环节，措施应用得当会减轻病虫害发生的程度。要做到合理施肥需进行测土配方施肥，施肥要以有机肥为主，其他肥料为辅。香菜生长期短，要重基肥轻追肥，一次性施足基肥。

（一）露地香菜施肥技术

（1）培育壮苗。目前栽培有机香菜应选择抗性强、商品性好的优良品种。香菜种子播前需将其搓开，用 10% 盐水选种，再用清水冲洗干净，晾干后播种。也可经催芽后再播种。

前茬作物收获完后，清除残茬，每公顷施优质腐熟有机肥 60 000kg，撒施后深耕 20cm，整地作畦播种。

（2）巧施追肥。一般在苗期不需浇水，进入生长盛期。采收前 20d 停止追肥。播种后 50d 左右，植株达 20～30cm 时即可收获上市。

（二）保护地香菜有机施肥技术

秋冬季或冬春季利用温室边沿、空隙地、主要蔬菜的前后茬、间套作等方法种植。播种时要依照市场需求及温室种植状况，宜在冷凉季随时播种。

香菜在肥沃疏松、保水力强的土壤上生长良好。前茬作物收获后，及时清茬整地施肥，有机香菜应施腐熟有机肥45 000~60 000kg/hm²。苗床在播前应消毒。种子需经特殊处理消毒、浸种、催芽。播种后注意保温保湿。出苗后地温较低，宜少浇水，多中耕。在苗生长加快时，适当增加浇水次数。苗高10~15cm时追1次肥，施磷酸二铵或有机氮肥225~300kg/hm²。一般在播后50d左右、植株20~30cm时即可收获上市。

第四节 根茎类蔬菜

根菜类蔬菜系深根性植物，根部为吸收养分和水分的主要器官，根部的发育及其在土壤中的分布对矿质营养及水分的吸收影响很大。这类蔬菜多是夏秋播种，然后在较高温度条件下生长，较低温度条件下直根膨大，播种当年获得肉质直根的商品产量。通过春化和光照阶段后，翌年春夏抽薹、开花结果。其生长发育经过营养生长和生殖生长两个阶段。

一、萝卜

萝卜的生育期分为营养生长期和生殖生长期，产品器官的形成在营养生长期。萝卜根系发达，需要施足基肥，一般基肥用量占总施肥量的70%。以种冬萝卜为例，亩施生物有机肥120~160kg、过磷酸钙15~20kg，耕入土中，耙平作畦。萝卜在生长前期，需氮肥较多，有利于促进营养生长；中后期应增施磷钾肥，以促进肉质根的迅速膨大。一般中型萝卜追肥3次以上，主要在地上旺盛生长前期施下，第一、第二次追肥结合匀苗进行

"破肚"时施第三次追肥，亩施生物有机肥 10kg，配施过磷酸钙、硫酸钾各 5kg。大型萝卜到"露肩"时，每亩再追施硫酸钾 5~10kg。

二、胡萝卜

胡萝卜营养生长期可分为苗期、叶丛生长期和肉质根生长期，其中肉质根生长期是需肥量最大的时期。胡萝卜要选择土层深厚肥沃、排灌方便、土质疏松的沙壤土或壤土。基肥亩施生物有机肥 100~150kg，配施过磷酸钙 25kg、硫酸钾 5kg，深耕 25~30cm 耙平后作畦。追肥视土壤肥力和田间植株长势，可追肥 1~2 次。叶部生长旺盛期长势弱，可在定苗后，结合浇水亩追施生物有机肥 10kg，肉质根膨大期亩追施生物有机肥 20kg，配施硫酸钾 10kg。

三、莲藕

莲藕是以膨大的地下根状茎为主要产品的高效经济作物，又是需肥量较大的作物。一般每亩莲藕大约从土壤中吸收纯氮（N）7.7kg、纯磷（P_2O_5）3.0kg、纯钾（K_2O）11.4kg，莲藕对氮磷钾纯养分的吸收比例大致为 2.6:1.0:3.8。

四、竹笋

（一）施肥原则

合理施肥，培肥地力、改善土壤环境，改进施肥技术、以地养地。

增施有机肥，提倡使用经腐熟达到无公害要求的有机肥，控制使用未经腐熟的人畜粪肥、饼肥。农家肥必须高温发酵，以杀死各种寄生卵和病原菌、杂草种子，去除有害有机酸和有害气体，使之达到无公害化卫生要求。禁止使用含有有害物质的垃圾、污泥等。

使用有机肥料和微生物肥料等，不对环境和笋、竹产生不良后果。

新型肥料必须通过国家有关部门登记认证及生产许可才能使用。

（二）施肥量的控制

有机竹笋林的施肥量应根据生产鲜笋产量所需的氮、磷、钾含量；地下鞭须系统的生长量计算所需氮、磷、钾含量；土壤肥力；肥料的利用率等综合确定。以亩产鲜笋 1 500kg 计，每亩每年可施氮肥45kg、磷肥15kg、钾肥30kg，氮磷钾的比例为3∶1∶2。

（三）施肥时间和方法

5—6 月，施"形鞭肥"，以有机肥为主。腐熟厩肥 100 担（1 担＝50kg）左右，深翻入土中 20~25cm，促进竹鞭生长。

8—9 月催芽肥，宜施低浓度液体肥料，可将人粪尿 1 000kg 冲水 2~4 倍泼施。

11—12 月，施发芽肥，以有机肥为主，每亩施厩肥 150 担左右促进笋芽生长。

翌年 2 月前，施笋前肥，以人粪尿等速效氮肥为主，冲水浇施，促进竹笋生长，增加单株笋重，延长笋期，提高新竹成竹率。

施肥方法：有机肥采用沟施或穴施，有机肥撒施结合翻土深埋。

第五节　葱姜蒜类蔬菜

葱蒜类蔬菜属单子叶二年生作物，其味辛辣，是生活中必不可少的调味类蔬菜，深受欢迎，在我国各地都有种植。葱蒜类包括以鲜嫩茎叶供食用的大葱、韭菜和以嫩鳞茎供食的大蒜、洋葱等，其根部的生长弱，入土均浅，吸收肥能力弱、对土壤肥力要求严格，尤其是在叶生长量迅速增加时，要及时补充植株生长所需的养分。

一、大葱

大葱选用地势平坦、地力肥沃、灌排方便、耕作层厚的地块，茬口应选择 3 年内没种过大葱、洋葱、大蒜、韭菜的地块。育苗田每平方米施生物有机肥 2kg，浅耕 25cm 左右，整平搂细，作畦播种。定植前，大田采用沟施的方法，亩施生物有机肥 120kg 作基肥。缓苗后，新叶开始缓慢生长，当葱白开始加长生长时，则需要开始追肥，亩用生物有机肥 40kg 撒在垄背上，接着浇水，以促生长。进入管状叶盛长期，5~7d 浇泼 1 次腐熟粪水。葱白产量显著增长时期，要根据葱白高度适当培土，培土后沟内亩施生物有机肥 40kg，配施尿素 10kg、磷酸二铵 10kg，然后中耕覆盖肥料，浇水促进肥效。

二、大蒜

大蒜适于富含有机质、疏松肥沃的沙壤土栽培。根据大蒜的根系特点，大蒜栽种前，要求土地精耕细耙，畦面平整。大蒜对基肥质量要求较高，每亩选择生物有机肥 160~200kg，一次施足。大蒜的栽培形式分垄作和畦作两种，春季垄作较好，植株受光好，地温上升快，出苗早，秋播多采用平畦栽培。大蒜萌芽期，一般不需较多肥水，主要是中耕松土提高地温，促根催苗。抽薹分瓣时，加强肥水，适时收获蒜薹，促进蒜头肥大。蒜薹采收后茎叶不再增长，大量养分向贮藏器官转运，鳞芽生长加速。此期应亩追施生物有机肥40kg，并增加灌水次数和加大灌水量，保持土壤湿润。

三、洋葱

洋葱根系浅，吸收能力弱，要求肥沃、疏松、保水保肥力强的土壤。洋葱在营养生长期间，只有很短缩的茎盘，茎盘下部称为盘踵。茎盘上部环生圆筒形的叶鞘和芽，下面着生须根。洋葱对土壤营养要求较高，幼苗以氮素为主，鳞茎膨大期增施磷、钾肥，能促进磷茎肥大和提高品质。栽培洋葱整地前亩施生物有机肥200kg，然后深耕细耙，精细整地，做成宽1.7m平畦。定植后翌年开春，植株开始返青时灌返青水，并追肥1~2次促进地上部生长，亩施生物有机肥30~40kg，并进行中耕。鳞茎开始膨大期是追肥的关键时期，亩施生物有机肥40kg。

四、韭菜

韭菜栽培，其根株培养非常关键，有育苗移栽养根和直播养根两种方法，但一般都采取育苗移栽的办法。育苗床宜选择富含有机质的肥沃土壤。整地作畦前，亩施生物有机肥80~120kg作基肥，精细整地，使土壤与肥料充分混合，然后作畦。幼苗期加强管理，当株高达18~20cm即可移栽。韭菜本田结合整地亩施生物有机肥120~140kg，配施过磷酸钙50kg，做成垄畦或平畦。定植后的管理以促进缓苗为主。立秋后是最适宜韭菜生长的季节，也是肥水管理的关键时期，应每隔5~7d浇泼1次腐熟粪水，促进植株生长，为根茎的膨大和根系的生长奠定物质基础。养根如采用直播法应尽量早播，一般于3月下旬至4月上旬播种。头刀韭菜收获后，每次浇水时追1次肥料，亩施生物有机肥50~80kg。

五、马铃薯

马铃薯的种植应选地势高燥、排水方便、土质沙壤的地块，按亩产5 000 kg投肥，需施牛粪4 000 kg，或者玉米秸秆2 000 kg，鸡粪1 000 kg。秸秆生物反应堆技术，每亩每茬能有效利用2 500 m² 的玉米秸秆；用2 kg EM 生物菌分解，能提高地温4 ~ 6℃；对某些病虫害的防治效果可达95%，无须施化肥、农药；农产品的上市期可提前5 d，收获期可延长30 ~ 40 d，平均增产50%以上，马铃薯品质达国际有机食品标准，并能从根本上解决长期施用化肥导致的土壤生态恶化、农产品污染等问题。在作物定植前20 d，秸秆堆置，然后浇水、接种菌苗，每2 500 kg秸秆用菌种2 kg，浇水湿透秸秆为准，水分不要太大。

六、山药

有机山药从播种直到发棵都可铺施有机肥。铺施数量不限，可适量多施。有机肥在施到田间之前均应经过充分发酵、腐熟，否则容易传播杂草和病虫害，同时未腐熟的有机肥施到田间后再进行发酵，容易伤害根系，特别是块茎尖端，组织柔嫩，碰到粪块则烧坏，影响茎端分生组织的垂直伸展。同时，施用有机肥需考虑土壤性质问题，马粪、羊粪等比较粗松，有机质含量多，易发酵分解，这种肥料宜施于低温或黏性土壤中。牛粪、猪粪等有机质含量少，组织细密，水分多，发酵分解慢，效力也迟缓，宜施于沙质或沙壤质土壤中。这样施肥既可发挥肥效，又可改善土壤质地。

铺施有机肥不仅可持续提供营养，而且有降低土温、保持墒情、稳定土壤透气、防除杂草之功效。切忌在山药沟内边填土边施有机肥。

在沤制发酵有机肥的同时，掺入磷肥，一般每亩用过磷酸钙50~60kg。铺施有机肥应特别注意不要有粪块，必须把有机肥捣碎砸细，以防块茎尖端碰到粪块，引起分权甚至脱水坏死。

山药生长前期施有机氮肥，以利于茎叶生长，一般在苗出齐或移植成活后施 1 次稀粪尿，以后每隔 20~30d 施 1 次 50%的人粪尿或追速效氮肥。发棵期追 1~2 次肥，每次每亩施 15kg 有机氮肥。植株现蕾时应重施肥 1 次，可用较浓的人粪尿适当加饼肥；或每亩追氮、磷、钾复合肥 40~50kg，以保证块茎伸长与膨大有充足的营养。9 月上旬应再施 1 次肥，9 月中旬以后不再施肥。

七、生姜

姜的生长期长，需肥量多，在施用基肥的基础上，应分期追肥。苗高 30cm 时，每亩施具有壮苗效果的生物有机肥 15~20kg以促壮苗。立秋前后，三权时期是生长的转折时期，可结合拔姜草进行第二次追肥。这次追肥对丰产起着主要作用，一般每亩施腐熟细碎的饼肥 70~80kg 或腐熟的优质圈肥 3 000 kg，另加氮、磷、钾肥 15~20kg，在姜苗北侧 15~20cm 处于沟施入。6~8 个权时，每亩追施 15~20kg 生物有机肥。姜块的膨大需黑暗潮湿条件，因此需培土。立秋前后结合拔姜草和大追肥进行第一次培土，以后可结合追肥进行第二次、第三次培土，逐渐把垄面加宽、加厚，为姜块的生长和膨大创造条件。

第六节　豆类蔬菜

豆类蔬菜是指豆科一年生或二年生的草本植物，主要是指菜豆、豇豆、豌豆、毛豆、蚕豆、扁豆、刀豆、藜豆、四棱豆 9 个属的豆类蔬菜。

一、菜豆

菜豆又称四季豆、龙芽豆等，原产中南美洲，是一年生豆科植物，生育适宜温度为 10~30℃，以春秋两季栽培为主。菜豆对土壤的适应范围较广，选择肥沃、排水良好、两年未种过豆科作物的壤土或沙壤土效果好。菜豆春植由于前期低温，要施足基肥，一般亩施生物有机肥 120~160kg。播种后 25~30d 及时追肥，亩施生物有机肥 20kg 加尿素 5kg，以促进植株生长。搭架前视生长情况追肥 1~2 次。秋植菜豆生长期短，开花结荚期比较集中，需肥量大，除施足基肥外，前期要早施肥，促进生长，在第一片真叶展开后即用粪水追肥，以后每隔 5~7d 追肥 1 次，并逐渐增加肥料浓度。开花结荚后，植株此时有大量根瘤形成，固氮能力加强，亩施生物有机肥 20kg 加过磷酸钙 10kg 和氯化钾 5kg。在采收盛期叶面喷洒 2%的过磷酸钙加 0.5%尿素，减少落花落荚。

二、豌豆

豌豆又名荷兰豆，原产地中海沿岸，为一年生作物，喜欢冷凉天气，生育适温为 9~23℃。豌豆根系发达，根瘤较多，需氮肥不多，播种时亩施用生物有机肥 80~100kg 作基肥。生长前期要控制氮肥的施用，如幼苗生长过弱，可追施 1~2 次腐熟粪水，以促进生长。开花结荚盛期需肥量较大，应适当补充氮肥，亩追生物有机肥 20kg、尿素 5kg，以增加花量，提高结荚率。一般情况下每周喷施腐熟粪水 1 次。

三、豆角

豆角的根系较发达，但是其再生能力比较弱，主根的入土深度一般为 80~100cm，群根主要分布在 15~18cm 的耕层内，侧根稀少，根瘤也比较少，固定氮的能力相对较弱。豆角根系对土壤的适应性广，但以肥沃、排水良好、透气性好的土壤为好，过于黏重和低湿的土壤不利于根系的生长和根瘤的活动。

豆角前期不宜多施肥，防止肥水过多，引起徒长，影响开花结荚。成活后浇 1 次腐熟粪水，当植株开花结荚以后，一般追肥2～3 次，每亩每次追腐熟人粪尿 750～1 000kg，促进植株生长，多开花、多结荚。豆荚盛收期，应增加肥水，此时如缺肥缺水，就会落花落荚，茎蔓生长衰退。摘心后还可翻花，延长采收期。

其次豆角对肥料的要求不高，在植株生长前期（结荚期），由于根瘤尚未充分发育，固氮能力弱，应该适量供应氮肥。开花结荚后，植株对磷、钾元素的需要量增加，根瘤菌的固氮能力增强，这个时期由于营养生长与生殖生长并进，对各种营养元素的需求量增加。相关的研究表明，每生产 1 000 kg 豆角，需要纯氮10.2kg、磷 4.4kg、钾 9.7kg，但是因为根瘤菌的固氮作用，豆角生长过程中需钾素营养最多，磷素营养次之，氮素营养相对较少。

因此，在豆角栽培中应适当控制肥水，适量施氮肥，增施磷、钾肥。

第七节 白菜类蔬菜

整地的同时施入基肥，亩施腐熟农家肥 3 000～4 000kg、腐熟大豆饼肥或腐熟花生饼肥 150kg，另加磷矿粉 40kg、钾矿粉20kg。每 3 年施 1 次生石灰，每次每亩施用 75～100kg。一般进行高畦或高垄栽培，整地要求做到高畦窄厢，三沟配套。

一、甘蓝

生长期间通常追肥 4～5 次，分别在缓苗期、莲座初期、莲座后期和结球初期进行，并重点在结球初期。追肥的浓度和用量，随植株的生长而增加，并酌量增加磷、钾肥用量。定植成活后及时用腐熟稀沼液提苗，可结合中耕每亩追施稀薄腐熟沼液200kg，加10倍水浇施于幼苗根部附近。在莲座叶生长初期每亩施腐熟的沼液700~1 000kg；在莲座叶生长盛期，在行间开沟，亩施饼肥100~150kg或施用腐熟沼渣1 000~1 200kg并加草木灰100kg，施后封土浇水。

球叶开始结球时，追施1次重肥，亩施腐熟沼液700~1 000kg。此后早熟和中熟品种一般不再追肥；中晚熟和晚熟品种在结球中期（距上次追肥15~20d）还应再施1次沼液随水冲施，促进结球紧实。缺钙引起叶缘枯焦，俗称"干烧心"。在干旱和施肥浓度高或积水情况下，植株对钙吸收困难，易产生缺钙症。因此，天气干旱时追肥的浓度宜稀。

二、大白菜

除施足基肥外，还应根据各生长期的长相确定追肥的时期和数量。一般第一次追肥在幼苗期，可结合间苗或中耕，每亩追施稀薄腐熟沼液200kg，加10倍水浇施于幼苗根部附近；第二次在莲座期，追施"发棵肥"，可沿植株开8~10cm深的小沟施肥，每亩施腐熟的沼液700~1 000kg；第三次在结球前的5~6d，追施"结球肥"，每亩施用腐熟沼渣1 000~1 200kg或用粉碎后腐熟的饼肥100~150kg，离根部15~20cm开10cm深的沟施下，并与土壤掺匀后覆土；第四次在结球后半个月，施"灌心肥"，可促进包心紧实，每亩施腐熟沼液700~1 000kg，此时大白菜已经封行，不必开沟，可将沼液加入灌溉水中，随水冲施于畦沟中。

第三章　农作物有机肥施用技术

第一节　水　稻

一、施用时期

（一）基肥

播种前或栽秧前结合整地施入的肥料称为基肥。一般以有机肥为主，配合适量化肥，其中磷、钾肥多为一次施入。尽管水稻一生中吸收养分量最多的时期在出穗以前，但苗期时间短，养分吸收量不大，故基肥中除氮外（基肥中的氮肥宜占50%左右）其他养分宜占总施肥量的80%以上，以满足水稻前期营养器官迅速增大对养分的需要；另外，结合耕作整地基肥，能使土肥充分融合，为水稻生长发育创造一个深厚、松软、肥沃的土壤环境。

（二）追肥

1. 分蘖肥

移栽水稻返青后或直播水稻3叶期至分蘖期间追施的肥料称为分蘖肥。其目的在于弥补稻田前期土壤速效养分的不足，促进分蘖早生快发，为水稻后期生长发育奠定基础。

2. 穗肥

在水稻幼穗开始分化至穗粒形成期追施的肥料称为穗肥。此时，水稻营养生长与生殖生长并进。在幼穗分化初期追肥，有巩固有效分蘖和增加颖花数的作用，但应注意避免最后 3 片叶和基部 3 个伸长节间过分伸长，否则群体冠层结构郁闭，结实率降低。孕穗期追肥，可减少颖花的退化，对提高结实率和籽粒灌浆有一定作用。

3. 粒肥

在水稻齐穗前后追施的肥料称为粒肥。此期施肥可防止根系早衰，减缓水稻群体后期绿色叶面积衰减速度，延长叶片功能期，提高光合生产能力，从而增加结实粒数并提高粒重。此时，水稻根部吸收能力减弱，根外追肥不失为一种经济有效的追肥方式。

4. 氮肥的分阶段施用技术

氮肥管理的分期调控是根据作物的生长发育规律与养分累积规律确定施肥的时间与次数，根据作物养分累积规律和土壤供肥规律确定每次施肥的分配比例，在作物生长关键时期调节追肥的施用量。我国主要稻区水稻氮肥一般分 3~4 次施用，施肥关键时期分别在移栽前（基肥）、分蘖期（分蘖肥）、幼穗分化期（穗肥）和抽穗期（粒肥）。高产水稻要强调后期粒肥的使用，以保证水稻生长后期不脱氮。在氮肥总量确定之后，可按照此比例计算水稻不同生育阶段的需氮量。

二、施肥方法

（一）基肥"一道清"施肥法

基肥"一道清"施肥法是将全部肥料于整田时一次施下，使土肥充分混合的全层施肥法。适用于黏土、重壤土等保肥力强的稻田。

（二）"前促"施肥法

"前促"施肥法是在施足基肥的基础上，早施、重施分蘖肥，使稻田在水稻生长前期有丰富的速效养分，以促进分蘖早生快发，确保增蘖增穗，尤其是基本苗较少的情况下更为重要。一般基肥占总施肥量的70%~80%，其余肥料在返青后全部施用。此施肥法多用于栽培生育期短的品种，施肥水平不高或前期温度较低、肥效发挥慢的稻田。

（三）"前促、中控、后保"施肥法

水稻，尤其是双季稻，其吸肥高峰期在移栽后2~3周，必须在移栽期施用大量速效性肥料，才能使供肥高峰提前，以适应双季稻"前促"的要求通常把肥料的70%~80%集中施用于前期。当分蘖达到预期的目标后，再采用搁田或烤田的方法，控制氮素的吸收。后期复水后，对叶色褪淡严重的稻株，于孕穗期酌施保花肥，以提高根系活力，减少颖花分化，提高结实率，增加千粒重。此方法适用于本田生育期短的双季稻，以及供氮能力低的土壤。

（四）"前稳、中攻、后补"施肥法

这种施肥方法，前期栽培着眼于促根、控叶、壮秆，当穗进入分化期，重施促花肥，以增加颖花分化数，减少颖花退化。抽穗以后，可看苗补施粒肥。这种施肥方法，在中、迟熟品种，保肥性差的稻田，以及施肥量较低的情况下采用较为经济有效。

第二节 玉 米

一、施用时期

（一）基肥

基肥占总肥量的50%左右，过磷酸钙或其他磷肥应与有机肥堆沤后施用。基肥一般条施或穴施。播种时施适量的化学氮肥作种肥，对壮苗有良好的效果。一般以每亩施硫酸铵或硝酸铵5~7kg为宜。微量元素肥料用于拌种或浸种，用硫酸锌拌种时，每千克种子用2~4g，浸种多采用0.2%的浓度。

（二）种肥

播种时施用的肥料，称为种肥，对壮苗有良好效果。一般每亩施硫酸铵或硝酸铵5~7kg和钾肥5~6kg，混合施于播种穴内，且应尽量把种肥与种子隔开，以防烧种影响出苗。

（三）追肥

1. 苗肥

主要是促进发根壮苗，奠定良好的生育基础。苗肥一般在幼苗4~5叶期施用，或结合间苗（定苗）、中耕除草施用，应早施、轻施和偏施。整地不良、基肥不足、幼苗生长细弱的应及早追施苗肥；反之，则可不追或少追苗肥。对于套种的玉米，在前作物收后立即追肥，或在前作物收获前行间施肥，以促进苗壮。

2. 拔节肥

是指拔节前后7~9叶期的追肥，生产上又称攻秆肥。这次施肥是为了满足拔节期间植株生长快，对营养需要日益增多的要求，达到茎秆粗壮的目的。但又要注意不要营养生长过旺，基部节间过分伸长，易造成倒伏。所以，要稳施拔节肥。施肥量一般占追肥量的20%~30%。肥料以腐熟的有机肥为主，配合少量化肥，一般每亩施腐熟堆、厩肥1 000kg，或复合肥7~10kg，应注意弱小苗多施，以促进全田平衡生长。

3. 穗肥

是指雄穗发育至四分体期，正值雌穗进入小花分化期的追肥。这一时期是决定雌穗粒数的关键时期，距抽雄10~15d，一般中熟品种展开叶9~12片，可见叶数14片左右，此时植株出叶呈现大喇叭的形状。因此，这次追肥是促进雌穗小花分化，达到穗大、粒多、增产的目的。所以，生产上也称攻穗肥。穗肥一般应重施，施肥量占总追肥量的 60%～80%，并以速效肥为宜。但必须根据具体情况合理运筹拔节肥和穗肥的比重。一般土壤肥力较高、基肥足、苗势较好的，可以稳施拔节肥，重施穗肥；反之，可以重施拔节肥，少施穗肥。

4. 粒肥

粒肥的作用是养根保叶，防止玉米后期脱肥早衰，以延长后期绿叶的功能期，提高粒重。一般在吐丝初期追施。粒肥应轻施、巧施，即根据当时植株的生长状况而定。施肥量约占总追肥的 5%。如果穗肥不足，发生脱肥，果穗节以上黄绿、下部叶早枯的，粒肥可适当多施，反之，则可少施或不施。

二、施肥方法

（一）春玉米施用有机肥技术

春玉米生长期长，植株高大，对土壤养分的消耗较多，而且多种植在山区或平原耕作条件较差的地区，而这些土壤养分含量较低。生长前期又低温少雨，土壤养分的有效性比较低，因此对春玉米来说更应注意合理施肥。又因春玉米生长期长，光热资源充足，增产潜力大，为了获得高产并保持土壤肥力，应注意施用有机肥。一般每亩施一级或二级有机肥 3 000kg。没有灌溉条件的地区，为了蓄墒保墒，可在冬前把有机肥送到地中，均匀撒开翻到地下；有灌溉条件的地区既可冬前放入有机肥，也可在春耕时施入有机肥。春玉米对养分的需求量较大，可以补充化肥。由于早春土壤温度低，干旱多风，磷、钾肥在土壤中的移动性差，一般全部作为基肥。玉米对锌比较敏感，北京地区土壤缺锌比较普遍，因此要注意补充锌。可在有机肥中掺入硫酸锌，一般每亩用量为 1kg；也可以在苗期喷 1～2 次硫酸锌溶液，浓度为 2%。

（二）夏玉米施用有机肥技术

由于夏玉米播种时农时紧，有许多地方无法给玉米整地和施入基肥，大都采用免耕直接播种，但夏玉米幼苗需要从土壤中吸收大量的养分，所以夏玉米追肥十分重要，一般每亩施一级有机肥2 500kg。追肥时还应考虑时期和追肥量在不同时期的分配。只有选择最佳的施用时期和用量，才会获得最好的增产效果。追肥宜采用"前重后轻"的方式，根据中国农业科学院作物科学研究所试验证明，"前重后轻"的方式比"前轻后重"的追肥方式增产12.8%。追肥总量的2/3在拔节前期施入，大喇叭口期施入1/3，着重满足玉米雌穗分化所需要的养分。

第三节　小　麦

一、施用时期

（一）基肥

高产小麦基本苗较少，要求分蘖成穗率高，这就要求土壤能为小麦的前期生长提供足够的无机营养。同时，小麦又是生育期较长的作物，要求土壤持续不断地供给养料，一般强调基肥要足。基肥的作用首先在于提高土壤养分的供应水平，使植株的氮素水平提高，增强分蘖能力；另外，能够调节整个生长发育过程中的养分供应状况，使土壤在小麦生长各个生育阶段都能为小麦提供各种养料，尤其是促进小麦后期稳长不早衰上有特殊作用。高产条件下，基肥用量一般应占总用量的40%～60%，磷、钾肥一般全部作基肥施入。

（二）种肥

种肥由于集中而又接近种子，肥效又高又快，对培育壮苗有显著作用。种肥的作用因土壤肥力、栽培季节等条件而异，对于基肥少的瘠薄地以及晚茬麦或春小麦，增产作用较大；而对于肥力条件好或基肥用量多以及早播冬小麦，种肥往往无明显的增产效果。小麦苗期根系吸收磷的能力弱，而苗期又是磷素反应的敏感期，所以磷肥作种肥对促进小麦吸收磷素、提高磷肥的利用率有很大的意义。种肥可采用沟施或拌种。

（三）苗肥

苗肥的作用是促进冬前分蘖和巩固早期分蘖。小麦播种后15~30d 进入分蘖期，此时要求有充足的养分供应，尤其是氮素，否则分蘖发生延缓甚至不发生。施用苗肥，还能促进植株的光合作用，从而促进碳水化合物在体内的积累，提高抗寒力。

一般在小麦播种后 15~30d 或 3 叶期以前施肥，用量为总施肥量的 20%左右。

（四）腊肥

腊肥能提高冬小麦冬后拔节期至孕穗、抽穗期的土壤养分供应水平，促进物质积累和呼吸作用。

（五）拔节肥

拔节肥可以加强小花分化强度，增加结实率，改善弱小分蘖营养条件，巩固分蘖成穗，增加穗数，延长上部功能叶的功能期，减少败育小花数，提高粒重，因而具有非常重要的作用，但要防止过肥倒伏。以叶面肥为主。

（六）根外喷肥

根外喷肥是补充小麦后期营养不足的一种有效施肥方法。由于麦田后期不便追肥，且根系的吸收能力随着生育期的推进日趋降低。因此，若小麦生育后期必须追施肥料时，可采用叶面喷施的方法，这也是小麦增产的一项应急措施。

二、施肥方法

冬小麦在年前播种，经过冬天后，在翌年成熟收获。其营养生长阶段（出苗、分蘖、越冬、返青、起身、拔节）的施肥，主攻目标是促分蘖和增穗，而在生殖生长阶段（孕穗、抽穗、开花、灌浆、成熟），则以增粒增重为主。根据冬小麦的生育规律和营养特点，应重视基肥和早施追肥。基肥一般以一、二级有机肥为主，用量一般应占总施肥量的 60%~80%，亩施 2~3t；追肥一般以一级或特级有机肥为主，用量以 20%~40% 为宜。要根据小麦返青时期的分蘖情况，对不同麦苗实行分类管理，促控结合。对于亩总茎数小于 45 万的麦田，肥水管理应以促为主，以增加亩穗数；亩总茎数为 45 万~60 万的麦田，肥水管理应促控结合，提高分蘖成穗率；亩总茎数为 60 万~80 万的壮苗麦田，肥水管理应控促结合，提高分蘖成穗率，促穗大粒多；亩总茎数超过 120 万的旺苗麦田，肥水管理应以控为主，否则拔节期以后易造成田间郁闭和倒伏。

春小麦和冬小麦在生长发育方面有很大区别，其特点是早春播种，生长期短，从播种至成熟仅需 100~120d。

根据春小麦生育规律和营养特点，应重施基肥和早施追肥。近年来，有些春小麦产区采用一次施肥法，全部肥料均作基肥和种肥，以后不再施追肥。一般做法是在施足一、二级有机肥的基础上，每亩施碳酸氢铵 40kg 左右，施过磷酸钙 50kg。这个方法适合于旱地春小麦，对于有灌溉条件的麦田，还是应考虑配合浇水分期施肥。

由于春小麦在早春土壤刚化冻 5~7cm 时，顶凌播种，地温很低，应特别重施基肥。基肥每亩施用一、二级有机肥 1~2t，根据地力情况，也可以在播种时加一些种肥，由于肥料集中在种子附近，小麦发芽长根后即可利用。春小麦是属于"胎里富"的作物，发育较早，多数品种在3叶期就开始生长锥的伸长并进行穗轴分化。因此，第一次追肥应在3叶期或3叶1心时进行，并要重施，大约占追肥量的2/3，每亩施尿素15~20kg，主要是提高分蘖成穗率，促壮苗早发，为穗大粒多奠定基础。追肥量的1/3用于拔节期，此为第二次追肥，每亩施尿素7~10kg。

强筋小麦比一般小麦生育后期吸氮力强，因而施足有机肥就显得更为重要。要达到每亩产量450~500kg，应在耕地前每亩施一、二级有机肥3~4t；基肥应采用分层施肥的方法，把有机肥、磷肥、钾肥、锌肥和氮肥的70%结合深耕施入底层，以充分发挥肥效，供给小麦生长中后期需要，提高肥料利用率。

弱筋小麦每亩产量300~350kg的麦田，在施足一、二级有机肥的基础上，一般每亩施尿素20kg左右，过磷酸钙40~50kg。磷肥施入土壤后，移动性小，不易流失，肥效较慢，只有被土壤中的酸和作物根系分泌的有机酸分解后，才能被作物吸收，所以不宜作追肥，应作基肥一次性施入。为了提高肥效，可预先将磷肥与有机肥混合和共同堆沤后施用。速效钾含量在80mg/kg以下的缺钾田块，可施入硫酸钾或氯化钾10kg左右作基肥，以补充钾素的不足。

第四节　谷　子

一、施用时期

（一）幼苗期

谷子幼苗期生长较慢，在占1/3的生育期里积累的干物质为全期的4.93%，吸收的养分少，吸收氮量占整个生育期氮总量

18.19%，磷占3%，钾为5%左右。

（二）拔节抽穗期

拔节到抽穗的约一个月的时间里，植株进入旺盛的营养生长和生殖生长阶段，植株干物重增长量占成株干物重的57.96%，植株对养分的吸收显著增加，形成全生育期的第一个吸肥高峰，吸收的氮、磷、钾量依次占全生育期总量的66.17%、50%和60%。

（三）籽粒灌浆期

抽穗开花后进入籽粒形成和灌浆期，是粒重增长的生殖生长时期，干物质增长量占成株干物重的37.11%，养分吸收又有所增加，形成全生育期第二个吸肥高峰，吸收的氮、磷、钾量依次各占全生育期吸收总量的15.64%、47%和53%。

二、施肥方法

（一）基肥

增施有机肥能保证谷子增产，施用基肥能结合耕作创造深厚、松软、肥沃的土壤耕层；促进根系发育，扩大吸收范围，为中后期生长发育打下基础；同时基肥多数施有机肥，养分全面，肥劲稳，且持续时间长，能源源不断供应养分，利于谷苗苗壮成长、幼穗分化、增加穗粒重、缓和后期脱肥等，为谷子生长发育创造良好土壤条件。施用有机肥作基肥，应在耕地时一次施入。一般有机肥用量每公顷15 000~30 000 kg，过磷酸钙600~750 kg。基肥也可以农家肥为主，要亩施优质农家肥2 500~4 000 kg，并与过磷酸钙混合作底肥，结合翻地或起垄时施入土中。

（二）种肥

种肥在谷子生产中已经做为一项重要的增产措施而广泛使用，各地试验证明，氮素种肥确有一定效果，在瘠薄地上，有明显的增产效果，肥力中等以上的地块也表现增产，由于试验条件不同，试验结果略有差异，但大体可提高产量 6% ~ 12%，这主要原因是因为虽然谷子苗期需肥量少，但谷子种子小，贮藏养分数量少，且小苗吸肥力弱，春季土温低，释放养分少，施用少量肥料作种肥，就可满足其需要，促进根系和地上部分的生长发育，形成壮苗，提高植物体内糖、氮代谢水平，有利于谷子生殖生长，加速灌浆速度，降低秕谷率，增加成粒数，提高千粒重。作种肥的氮肥用量不宜过多，否则易烧种缺苗，一般每公顷硫酸铵 37.5kg 或尿素 11.3 ~ 15.0kg。如农家肥和磷肥作种肥，增产效果也好。种肥一般亩施磷酸二铵 10kg、氮肥 5kg 作种肥，可促谷苗早生快发，满足谷子生育期对养分的需要。

（三）追肥

适于作谷子追肥的肥料有氮素化肥、磷肥和腐熟的农家肥。谷子追肥时期和数量应据追肥次数和苗的长势而定，一次追肥以抽穗前 15 ~ 20d 的孕穗阶段，亩追施纯氮 3kg（折合尿素 7kg），二次追肥一次在拔节期（谷苗 7 ~ 8 片叶，铲趟 2 遍时）追总量的 2/3，1/3 作穗肥。追肥增产作用的时期是抽穗前 15 ~ 20d 的孕穗期，一般每公顷纯氮 75kg 为宜。氮肥较多时，分别在拔节期追施"坐胎肥"，孕穗期追施"攻粒肥"。追肥的方法一种是根部追肥，另一种是叶面喷施。在谷子生育后期，叶面喷施磷酸二氢钾和微肥，可促进开花结实和籽粒灌浆。根部追肥一般是撒于行间，然后中耕埋入。旱地谷子追氮肥，要以"湿、深、少、小"为原则。"湿"是土壤墒情好，田间持水量为 60% ~ 80%，适于微生物活动，有利于发挥肥效；"深"是开沟或结合中耕盖土；"少"看墒定数；一次不宜过多，"小"谷苗不太大时进行。叶面喷施也叫根外追肥，叶面喷施主要是磷肥和微量元素，目的是促进开花结实和灌浆速度。

第五节 油 菜

一、施用时期

早施苗肥。由于油菜的苗期长,吸肥量大,因此,必须提前施苗肥,以促进油菜的入冬前生长,保证越冬。苗肥一般在移栽的油菜活棵后或直播油菜 5~6 叶期按照"早、速、轻"的原则追施。所谓"早"即追肥的时间早,移栽油菜在活棵后 3~4d 就可追施。

早春当气温上升到 10℃ 以上时,油菜陆续现蕾抽薹,是生长快、吸肥多的旺盛生育时期。薹肥在油菜抽薹前或刚开始抽薹时施用,可使油菜春发稳长,薹壮枝多。追施薹肥应做到"速"和"早",每亩可施尿素 7.5~10kg 或碳铵 25kg。对播栽期迟、冻害严重、苗势差的油菜,应适当早施、多施。

二、施肥方法

(一) 油菜苗床施肥

做好苗床施肥,首先要施足基肥,具体做法是每亩苗床在播种前施用腐熟的优质有机肥 200~300kg、尿素 2kg、过磷酸钙 5kg、氯化钾 1kg,将肥料与土壤(10~15cm 厚)混匀后播种。结合间苗和定苗,追肥 1~2 次,追肥以人畜粪尿为主,并注意肥水结合,以保证壮苗移栽。在移栽前可喷施硼肥 1 次,浓度为 0.2%。

(二) 油菜移栽田施肥

从油菜移栽到收获,移栽田所需投入不同养分总量分别为:纯氮(N)9~12kg/亩、纯磷(P_2O_5)4~6kg/亩、纯钾(K_2O)6~10kg/亩、硼砂 0.5~1.0kg/亩(基施)、七水硫酸锌

（锌肥）2~3kg/亩。

市场上已有多种油菜专用肥出售，若准备购买专用肥，在施肥时可将不足部分用单质肥料补足，可达到同等结果。

1. 基肥

在油菜移栽前 0.5~1d 穴施基肥，施肥深度为 10~15cm。

基施氮肥占氮肥总用量的 2/3 左右，即基施纯氮 6~8kg/亩，折合成碳酸氢铵为 35~47kg/亩，或折合成尿素为 13~17kg/亩。

磷肥全部基施，折合成过磷酸钙为 33~50kg/亩。

用作基肥的钾肥占钾肥总用量的 2/3 左右，即施纯钾 4~6.7kg/亩，折合成氯化钾为 6.7~11.0kg/亩。

若不准备叶面喷施硼肥，可基施硼砂 0.5~1.0kg/亩。

基肥施好后便可进行油菜苗移栽，移栽时注意不能直接将油菜栽在施肥穴上，油菜苗根系不要直接接触肥料，以免肥料浓度高而发生烧苗死苗现象。

2. 追肥

油菜追肥一般可分为 2 次。

第一次追肥在移栽后 50d 左右进行，即油菜苗进入越冬期前，此次追肥施用剩余氮肥的 1/2，追施氮肥种类宜用尿素，折合成尿素为 3.2~4.3kg/亩。另外，追施剩余的全部钾肥，折合成氯化钾为 3.3~5.5kg/亩。施肥方法为结合中耕进行土施，若不进行中耕，可在行间开 10cm 深的小沟，将两种肥料混匀后施入，施肥后覆土。

第二次追肥在开春后薹期，撒施余下的氮肥，氮肥品种为尿素，折合施尿素 3.2~4.3kg/亩。由于此时油菜已封行，操作不便，只能表面撒施，注意一定要撒均匀。

3. 叶面追肥

若根据前面提供的施肥配方和技术进行施肥，油菜生长过程中基本上可以不再进行叶面施肥。若在基肥时没有施用硼肥，则一定要进行叶面施硼。叶面喷施硼肥（一般为硼砂）的方法是：分3次分别在苗期、薹期和初花期结合施药喷施硼肥，浓度为0.2%，每亩用溶液量50kg。

第六节　花　生

一、施用时期

花生不同生育期对养分的需求不同。

（一）苗期

苗期根瘤开始形成，但固氮能力很弱，此期为氮素饥饿期，对氮素缺乏十分敏感。因此，未施基肥或基肥用量不足的花生应在此期追肥。

（二）开花下针期

此期植株生长较快，且植株大量开花并形成果针，对养分的需求量急剧增加。根瘤的固氮能力增强，能提供较多的氮素，此期对氮、磷、钾的吸收量达到高峰。

（三）结荚期

荚果所需的氮、磷元素可由根、子房柄、子房同时供应，所需要的钙则主要依靠荚果自身吸收。因此，当结果层缺钙时，易出现空果和秕果。

（四）饱果成熟期

此期营养生长趋于停止，对养分的吸收减少，营养体养分逐渐向荚果中运转。由于此期根系吸收功能下降，应加强根外追肥，以延长叶片功能期，提高饱果率。

二、施肥方法

（一）因土施肥

实践表明，肥力越差的田块，增施肥料后增产幅度越大，中等肥力的次之，肥沃的田块，增产效果不明显。因此，肥力差的田块要增施肥料。

（二）拌种肥

一是将每亩用的花生种拌 0.2kg 花生根瘤菌剂，拌 2.5~10g 钼铵。二是将每千克花生种拌施 0.4~1g 硼酸。三是将每亩用的花生种先用米汤浸湿，然后拌石膏 1~1.5kg。这 3 种方法，均可及时补充肥料，使花生苗成长。

（三）因苗施肥

花生所需氮：磷：钾的比例为 1.00：0.18：0.48。苗期需肥较少，开花期需肥量占总需肥量的 25%，结荚期需肥量占总需肥量的 50%~60%。因此，在肥料施用上，一是普施基肥，每亩施腐熟有机肥 1 500kg 左右、磷肥 15~20kg、钾肥 10kg 左右，肥力差的田块再施尿素 5kg。二是始花前，每亩施腐熟有机肥 500~1 000kg、尿素 4~5kg、过磷酸钙 10kg，结合中耕施入。三是结荚期喷施 0.2%~0.3% 的磷酸二氢钾和 1% 的尿素溶液，能起到补磷增氮的作用。

第七节　大　豆

一、施用时期

一般来说，在大豆开花以后，需氮量达到最高峰，这个时候需要补充氮肥。可以按照碳酸氢铵 150kg/hm^2 或者尿素

60kg/hm² 施用，也可以在结荚鼓粒期对肥力较低的田使用1%~2%的尿素溶液进行叶面喷雾。

二、施肥方法

（一）基肥

施用有机肥是大豆增产的关键措施。在轮作地上可在前茬粮食作物上施用有机肥料，而大豆则利用其后效，有利于结瘤固氮，提高大豆产量。在低肥力土壤上种植大豆可以加过磷酸钙、氯化钾各10kg作基肥，对大豆增产有好处。

（二）种肥

一般每亩用10~15kg过磷酸钙或5kg磷酸二铵作种肥，缺硼的土壤加硼砂0.4~0.6kg。由于大豆是双子叶作物，出苗时种子顶土困难，种肥最好施于种子下部或侧面，切勿使种子与肥料直接接触。此外，淮北等地有用1%~2%钼酸铵拌种的，效果也很好。

（三）追肥

实践证明，在大豆幼苗期，根部尚未形成根瘤时，或根瘤活动弱时，适量施用氮肥可使植株生长健壮，在初花期酌情施用少量氮肥也是必要的。氮肥用量一般以每亩施尿素7.5~10kg为宜。另外，花期喷0.2%~0.3%磷酸二氢钾水溶液或每亩用2~4kg过磷酸钙加水100L根外喷施，可增加籽粒含氮率，有明显增产作用。另据资料，花期喷施0.1%硼砂、硫酸铜、硫酸锰水溶液可促进籽粒饱满，增加大豆含油量。

第八节　甘　薯

一、施用时期

甘薯施肥要有机、无机配合，氮、磷、钾配合，并测土施肥，氮肥应集中在前期施用，磷、钾肥宜与有机肥料混合沤制后作基肥施用，同时按生育特点和要求作追肥施用。其基肥与追肥的比例因地区气候和栽培条件而异。

二、施肥方法

（一）苗床施肥

甘薯苗床床土常用疏松、无病的肥沃沙壤土。育苗时一般每亩苗床地施过磷酸钙 25kg、优质堆渣 700～1 000kg、碳酸氢铵 15～20kg，混合均匀后施于窝底，再施 2 500～3 000 kg 肥水浸泡，收干后即可播种。苗床追肥根据苗的具体情况而定。火炕和温床育苗，排种较密，采苗较多，在基肥不足的情况下，采 1～2 次苗就可能缺肥，采苗后要适当追肥。露地育苗和采苗圃也要分次追肥。追肥一般以人粪尿、鸡粪、饼肥或氮肥为主，撒施或兑水浇施。一般 1m² 苗床施硫酸铵 100g。要注意的是剪苗前 3～4d 停止追肥，剪苗后的当天不宜浇水施肥，等 1～2d 伤口愈合后再施肥浇水，以免引起种薯腐烂。

（二）大田施肥

1. 基肥

基肥应施足，以满足甘薯生长期长、需肥量大的特点。基肥以有机肥为主，无机肥为辅。有机肥料是一种完全肥料，施用后逐渐分解不断发挥肥效，符合甘薯生长期长的特点。有机肥要充分腐熟。因甘薯栽插后，很快就会发根还苗和分枝结薯，需要吸收较多的养分。如事先未腐熟好，会由于有效养分不足，致使前期生长缓慢。故有"地瓜喜上隔年粪"的农谚，说的就是甘薯基肥要提前堆积腐熟或在前茬施肥均有一定的增产效果。

基肥用量一般占总施肥量的 60%～80%。具体施肥量，每亩产 4 000kg 以上的地块，一般施基肥 5 000～7 500kg；每亩产

2 500~4 000kg 的地块，一般施基肥 3 000~4 000kg。同时，可配合施入过磷酸钙 15~25kg、草木灰 100~150kg、碳酸氢铵 7~10kg 等。

施肥方法，采用集中深施、粗细肥分层结合的方法。基肥的半数以上在深耕时施入底层，其余基肥可在起垄时集中施在垄底或在栽插时进行穴施。这种方法在肥料不足的情况下，更能发挥肥料的作用。基肥中的速效氮、速效钾肥料，应集中穴施在上层，以便薯苗成活后即能吸收。

2. 追肥

追肥需因地制宜，根据不同生长时期的长相和需要确定追肥时期、种类、数量和方法，做到合理追肥。追肥的原则是"前轻、中重、后补"。具体有以下 6 种。

(1) 提苗肥。这是保证全苗、促进早发、加速薯苗生长的一次有效施肥技术。提苗肥能够补基肥不足和基肥作用缓慢的缺点，一般追施速效肥。追偏肥在栽后 3~5d 结合查苗补苗进行，在苗侧下方 7~10cm 处开小穴，施入一小撮化肥（每亩 1.5~3.5kg），施后随即浇水盖土，也可用 1% 尿素水灌根；普遍追施提苗肥最迟在栽后 15d 内团棵期前后进行，每亩轻施氮素化肥 1.5~2.5kg，注意小株多施，大株少施，干旱条件下不要追肥。

(2) 壮株结薯肥。这是"分枝结薯"阶段及"茎叶盛长"期以前采用的一种施肥方法。其目的是促进薯块形成和茎叶盛长。所以，老百姓称之"壮株肥"或"结薯肥"。因分枝结薯期，地下根网形成，薯块开始膨大，吸肥力强，为加大叶面积，提高光合生产效率，需要及早追肥，以达到壮株催薯、快长稳长的目的。追肥时间在栽后 30~40d。施肥量因薯地、苗势而异，长势差的多施，每亩追施硫酸铵 7.5~10kg 或尿素 3.5~4.5kg，硫酸钾 10kg 或草木灰 100kg；长势较好的，用量可减少一半。如上次提苗或团棵肥施氮量较大，壮株催薯肥就应以磷、钾肥为主，氮肥为辅；否则，要氮、钾肥并重，分别攻壮秧和催薯。基肥用量多的高产田可以不追肥，或单追钾肥。结薯开始是调解肥、水、气3个环境因素最合适的时机，施肥同时结合浇水，施后及时中耕，用工经济，收效也大。

（3）催薯肥。又称为长薯肥，在甘薯生长中期施用，能促使薯块持续膨大增重。一般以钾肥为主，施肥时期一般在栽后90~100d。追施钾肥，一是叶片中增加含钾量，能延长叶龄，加粗茎和叶柄，使之保持幼嫩状态；二是提高光合效率，促进光合产物的运转；三是茎叶和薯块中的钾、氮比值高，能促进薯块膨大。催薯肥如用硫酸钾，每亩施10kg，如用草木灰则施100~150kg。草木灰不能和氮、磷肥混合，注意分别施用。施肥时加水，可尽快发挥其肥效。

（4）夹边肥。这是福建、浙江南部地区甘薯丰产的重要施肥措施。一般在栽后45d前后，地上部已甩蔓下垄，薯块数基本定型，在垄的一侧，用犁破开1/3，暴晒0.5~1d，将总施肥量的40%左右施入。南方薯区基肥用量少，这次追肥是甘薯丰产的重要措施。

（5）裂缝肥。甘薯生长后期，薯块盛长，在垄背裂缝时所施的追肥，叫裂缝肥或白露肥。实践证明，容易发生早衰的地块、在茎叶盛长阶段长势差的地块和前几次追肥不足的地块，在薯苑土壤裂开成缝时，追施少量速效氮肥，有一定的增产效果。一般每亩追硫酸铵4~5kg，兑水500L；或用人粪尿200~250kg，兑水600~750L，顺裂缝灌施。

（6）根外追肥。甘薯生长后期，根部的吸收能力减弱，可采用根外追肥，弥补矿质营养吸收的不足。对长势弱的丘陵坡地、平原沙地或有早衰趋势的田块可喷施0.5%的尿素液，对长势偏旺、肥力水平较高的田块可喷施 0.2%磷酸二氢钾溶液或 2%~3%过磷酸钙浸出液，一般田块可喷施 0.4%~0.5%尿素和磷酸二氢钾或 5%~10%的过滤的草木灰混合液，每隔 7~10d 喷施 1 次，共喷 2~3 次，每次每亩喷施肥液 70~100kg，喷施时间以晴天傍晚为宜。

第四章 果树有机肥施用技术

第一节 苹 果

一、多施有机肥

有机肥中不仅含有苹果生长发育需要的各种必需营养元素，虽然含量与化学肥料相比偏低，但品种全，不仅含有果树生长需要的大量营养元素氮、磷、钾、钙、镁、硫等，还含有果树营养生长所需要微量元素如锌、铁、硼、锰等，对于协调各种养分元素的供应方面有十分重要的作用。同时，有机肥在养分供应方面较为迟缓，一般不易出现肥害现象，且供应时间长而均衡生长中不易出现脱肥现象。有机肥中含有的深色物质能提高土壤对太阳能的吸收，有利于提高早春的地温。苹果树的根系能耐一定的低温，一般土壤温度在5℃左右开始活动吸收养分，但其吸收养分的速率和能力随地温的升高而逐渐增加，至地温达30℃左右时有一最高值，然后开始逐渐下降。在早春果树地上部分还未大量生长时，阳光可大量照射到地表，施入有机肥的土壤颜色较深，太阳能吸收较多、地温升高较快，能促进根系早活动、多吸收积累一些养分供树体萌发之后利用，促进苹果的生长发育。

二、苹果的施肥方法与时间

苹果树的施肥应以基肥为主。

最好的基肥施用时间为秋季，早熟的品种在果实采收后进行；中、晚熟的品种可在果实采收前进行。由于秋季是苹果树的根系快速生长期之一，施肥后的断根伤口较易愈合，并且可起到一定的根系修剪作用，促进了新根的萌发，有利于养分的吸收积累。追肥的施用时间因树势的不同有一定的差异，一般在萌芽前、花期、果实膨大期进行。具体的施肥方法以树的大小而定，树体较小时一般采用环状施肥，施肥的位置以树冠的外围0.5～1.5m为宜，开宽20～40cm、深20～30cm的沟，将肥料与土壤适度混合后施入沟内，再将沟填平。成年果树最好采用全园施肥，结合中耕将肥料翻入土中。由于果树的根系生长具有明显的向肥性，对于磷、钾肥最好施入30～40cm深的土壤深层，以提高根系分布的深度和广度，增强果树的抗旱能力和树体固地性。

第二节 梨

一、多施有机肥，培肥改良土壤

有机肥中不仅含有梨树生长所需要的各种营养元素，而且可以改良土壤的结构，增加土壤的养分缓冲能力，增加土壤的保水能力，改善土壤的通气状况，降低土壤对根系生长的阻力，有利于梨树的生长发育。

二、梨树的施肥时间和方法

梨树的施肥应以基肥为主。最好的基肥施用时间为秋季，早熟的品种在果实采收后进行。由于秋季是梨树根系的第二个快速生长高峰期，施肥后的断根伤口较易愈合，并且可起到一定的根系修剪作用，促进了新根的萌发，有利于养分的吸收积累，有机肥和需要基施的氮、磷、钾肥最好及时施用，以利于梨树的养分积累和及时调节补充。

第三节　桃

一、施肥量的确定

桃树一生中的需肥情况，因种类、品种、树龄、结果量，各个生长发育阶段及土质和环境条件的变化而不同，一般原则是：幼龄树、旺树施肥量略少；弱树、结果大树施肥量多。山地、沙地果园，土质瘠薄，施肥量宜多；土质肥沃的平地桃园，施肥量可略少。基肥宜多，追肥可适量。根据我国各地桃树施肥试验表明，每生产桃果 100kg，需消耗全氮 0.5kg、全磷 0.2kg、全钾 0.6~0.7kg。北京果农的经验是，每生产 50kg 果，基施 100~150kg 有机肥，同时追施有效氮 0.3~0.4kg、磷 0.2~0.3kg、钾 0.5~1.3kg。现在比较常用的是根据叶分析和土壤分析及桃树的实际肥料需要量来确定。

（一）调查分析

根据生产实际情况，对生长不同时期、树种、品种，所需肥量进行了解，采用定性质、定数量相结合的方法，综合对比，确定合理的施肥量。

（二）田间施肥试验

根据桃园的施肥情况，进行不同的施肥试验，多点施，定点施，定时施，定量施，从而找出自己果园的最佳施肥方案。

二、施肥时期

一年中不同生长期对营养的需求量也不相同，如生长前期氮、钾素均呈上升趋势，钾在硬核期后，需求量大增，呈直线上升趋势，以果实成熟前增长最快，而到近成熟时又有所下降。氮在采收时含量最高，约为钾的 5 倍。磷素除在硬核期有些波动外，以后均比较稳定。

（一）基肥的施用

基肥主要采用迟效性有机肥，如堆肥、厩肥、人粪尿、绿肥、饼肥、鱼肥、垃圾等。有机肥富含氮、磷、钾等大量元素以及各种微量元素，肥效可维持 5~10 个月，可长期均衡地供应桃树生长、结果所需要的养分。尤其在春季萌芽后约 1 个月内，开花结果和春梢生长基本上是消耗树体内的贮藏营养，所以基肥至为重要，必须施足。早熟品种基肥施用量可占全年施肥量的70%~80%，中、晚熟品种占 50%~60%。基肥施用时期，通常自采果后至翌年萌芽前均可施用，但以秋季早施为好，此时正值根系生长年周期中最后的生长高峰，伤根容易愈合，易形成新根，恢复快，施基肥时加入适量速效肥，有利于增加树体的养分积累，提高细胞液浓度，增强树体的越冬能力，提高春季开花质量和坐果率。秋施基肥，有机质腐烂分解时间较长，矿质化程度高，有利于春季分解转化，及时供应树体吸收，以满足果树前期开花、生长、结果的需要。所以，秋施基肥好于春施，一般在 9月至 10 月上中旬施用，即在落叶前 1 个月施用。一般 1~3 年生幼龄树施用腐熟有机肥 1.0~1.5t/亩；结果大树基施腐熟有机肥3~4t/亩，复合肥（2∶2∶1，总养分含量35%）20~30kg/亩。

（二）追肥的施用

追肥是在施基肥的技术上，对果树生长发育各个时期所需各种不同养分的补充。追肥多施用各种矿物营养元素，如尿素、硫酸铵、硫酸钾、过磷酸钙、人粪尿等速效性肥料。基肥施用充足时，萌芽前至幼果第一次迅速生长期，可不必追肥。但在基肥半施、施用不足或施用过迟的情况下，则必须追肥。追肥应根据桃树萌芽、开花、抽梢、结果等各个生长发育时期分次进行。

第四节 葡 萄

一、不同时期施肥的方法

（一）基肥

基肥是葡萄园施肥中最重要的一环，基肥在秋天施入，从葡萄采收后到土壤封冻前均可进行。但生产实践表明，秋施基肥越早越好。基肥通常用腐熟的有机肥（厩肥、堆肥等）在葡萄采收后立即施入，并加入一些速效性化肥，如硝酸铵、尿素和过磷酸钙、硫酸钾等。基肥对恢复树势、促进根系吸收和花芽分化有良好的作用。

施基肥的方法有全园撒施和沟施两种，棚架葡萄多采用撒施，施后再用铁锹或犁将肥料翻埋。撒施肥料常常引起葡萄根系上浮，应尽量改撒施为沟施或穴施。篱架葡萄常采用沟施。方法是在距植株 50cm 处开沟，沟宽 40cm，深 50cm，每株施腐熟有机肥 25~50kg、过磷酸钙 250g、尿素 150g。一层肥料一层土依次将沟填满。为了减轻施肥的工作量，也可以采用隔行开沟施肥的方法，即第一年在第一、第三、第五……行挖沟施肥，翌年在第二、第四、第六……行挖沟施肥，轮番沟施，使全园土壤都得到深翻和改良。

基肥施用量占全年总施肥量的 50%~60%。一般丰产稳产葡萄园每亩施土杂肥 5 000kg（折合氮 12.5~15kg、磷 5~7.5kg、钾 10~15kg，氮、磷、钾的比例为 1：0.5：1）。果农总结为"一千克果五千克肥"。

（二）追肥

在葡萄生长季节施用，一般丰产园每年需追肥 2~3 次。

第一次追肥在早春芽开始膨大时进行。这时花芽正继续分化，新梢即将开始旺盛生长，需要大量氮素养分，宜施用腐熟的人粪尿混掺硝酸铵或尿素，施用量占全年用肥量的 10%~15%。

第二次追肥在谢花后幼果膨大初期进行，以氮肥为主，结合施磷、钾肥。这次追肥不但能促进幼果膨大，而且有利于花芽分化。这一阶段是葡萄生长的旺盛期，也是决定翌年产量的关键时期，也称"肥水临界期"，必须抓好葡萄园的肥水管理，这一时期追肥以施腐熟的人粪尿或尿素、草木灰等速效肥为主，施肥量占全年施肥总量的 20%~30%。

第三次施肥在果实着色初期进行，以磷、钾肥为主，施肥量占全年用肥量的 10%左右。

追肥施用方法：可以结合灌水或雨天直接施入植株根部的土壤中。另外，也可进行根外追施，即把无机肥对水溶液喷到植株上，以利于叶片吸收。根外追肥也可结合防治病虫喷药时一起喷洒，以节省劳动力。

现代化的葡萄施肥，主要依靠对叶片内矿质元素的分析进行判断和决定，当葡萄叶内某元素成分低于适量范围的下限时就应该适当补充该种元素。

（三）根外追肥

根外追肥是采用液体肥料叶面喷施的方法迅速供给葡萄生长所需的营养，目前在葡萄园管理上应用十分广泛，葡萄生长不同

时期对营养需求的种类也有所不同，一般在新梢生长期喷
0.2%~0.3%尿素或0.3%~0.4%硝酸铵溶液，促进新梢生长；
在开花前及盛花期喷0.1%~0.3%硼砂溶液能提高坐果率，在浆
果成熟前喷2~3次0.5%~1%的磷酸二氢钾或1%~3%过磷酸钙
溶液或3%的草木灰浸出液，可以显著提高产量、增进品质。在
树体呈现缺铁或缺锌症状时，还可喷施0.3%硫酸亚铁或0.3%硫
酸锌，但在使用硫酸盐根外追施时要注意加入等浓度的石灰，以
防药害。近年来，为了提高鲜食葡萄的耐贮藏性，在采收前1个
月内可连续根外喷施2次1%硝酸钙或1.5%的醋酸钙溶液，能显
著提高葡萄的耐贮运性能。

应该强调的是，根外追肥只是补充葡萄植株营养的一种方
法，但根外追肥代替不了基肥。要保证葡萄的健壮生长，必须长
年抓好施肥工作，尤其是基肥万万不可忽视。

二、葡萄施肥方法和时间

葡萄施用基肥的时间最好在果实采摘后立即进行，如没有及
时施入，也可在葡萄的休眠期中进行，施肥以有机肥和磷、钾肥
为主，根据树势配施一定量的氮肥（树势过旺的可不施氮肥、树
势较弱的应适当多施氮肥）。基肥施用方法多采用沿葡萄树行在
一边开沟施入，注意不可离树过近，以免伤根过重影响葡萄的
长势。

葡萄需要氮、钾肥较多，在葡萄的生长过程中需及时补充，
在用氮、钾肥作追肥时一般是开浅沟施入，施肥的时间为芽膨
大期、开花前期、开花后果实发育有豆粒大小的时期、葡萄浆果
着色初期。

第五节 樱 桃

一、樱桃施肥的时期

初秋是樱桃施肥的最佳时期，由于各地气候不一，以霜前50~60d 施入为宜。此期施入的养分被根系吸收后，贮藏于枝干及根中，为翌年的萌芽和开花提供充足的养分。基肥的施用量要因园因树而异。

传统有机肥每亩用量4 000~5 000kg，生物有机肥用量750~1 000kg。同时，要混加全年用量1/3 左右的复合肥、适量的钙肥及中微量元素，力求养分较全面，及时供应。

二、樱桃施肥的方法

对于幼树至初结果樱桃树，可采用条状沟施肥法，第一年在树盘外围的两侧各挖一条深 30~40cm、宽 30cm、长约树冠 1/4 的圆弧形沟，每株施入粪尿 30~60kg 或猪圈粪 100kg 左右；翌年在树冠的另两侧施基肥，或在树盘外围挖圆形沟，将有机肥、一定量的化肥与适量的土掺匀后，施入沟内，并加以回填。

盛果期大树每株施入粪尿 60~90kg 或每亩猪圈粪约 4 000 kg。值得注意的是，施肥后浇 1 次透水，以利于根系吸收。

第六节 板 栗

一、板栗施肥的时期

板栗一般在秋季或春季施入基肥。若春施基肥，则宜早不宜晚，一般以在解冻后至萌芽前为好，早施有利于根系吸收养分。

板栗的雌花分化多在早春，因此，基肥以秋季栗果采收前后施入为好。秋施基肥可提高树体的贮藏营养水平和细胞液浓度，有利于翌年枝叶的生长发育和开花结果。秋季正值根系第二或第三次生长高峰，伤根容易愈合，切断部分根可起到对根系修剪的作用，有利于促发新根。秋施基肥在一定时期内越早越好。

二、板栗施肥的方法

基肥以有机肥为主，并混入适量化肥。基肥施用量，根据土壤肥力和管理水平不同而有所不同，一般幼树每株施 20~25kg 有机肥，初结果树每株施 50kg，盛果期大树每株施 100~200kg。

第七节 枣

一、枣施肥的时期

枣开花与枣吊生长，坐果与枣头生长同时进行，只有及时补肥才能协调生长与结果的矛盾，提高坐果率，保证冬枣产量。如果施用速效性的尿素或磷酸二铵，可在花前或幼果膨大前施肥，如果施用迟效性的有机肥，就要在前一年的秋季施肥。据试验，相同的有机肥和施肥方法，9 月中旬至 10 月上旬使用比翌年 3 月上旬至 4 月中旬使用增产幅度高 55%。同量硫酸铵秋施较春施开花百分率高，干径增长量大，一年生枝含氮率也高。根据冬枣的生长特性，其施肥时期一般为秋施基肥，萌芽前、开花前、果实膨大期追肥。

二、枣施肥的方法

（一）基肥

基肥主要以有机肥为主，与无机肥配合施用。施肥时间在枣采果前后进行，施肥方法可结合秋季深翻在树冠外围环状沟施，沟深、宽各40~60cm，将有机肥与表土拌匀填在沟底，上面再覆土，然后浇水。此法适用于生长结果树。若劳力不足，可第一年在南北向沟施，翌年在东西向沟施，两年一圈，逐年外扩。

枣基肥的施用量应占全年枣树需肥量的80%以上，一般生长结果树每亩施有机肥3 000kg（可同时掺入尿素35kg、过磷酸钙100kg），盛果期树每亩施有机肥5 000kg（可同时掺入尿素50kg、过磷酸钙250kg）。氮、磷、钾三素肥料配合施用时，氮：磷：钾一般为1.0：0.8：0.8。有研究表明，七年生枣树，平均株施29kg有机肥和2kg化肥的，可达到株产鲜枣29kg。

施肥时一定要注意近树干处宜少施肥料，注意保护根系，尽量不伤直径在0.5cm以上的粗根。

（二）追肥

枣树具有发芽晚、花期长、生长快、肥料吸收利用迅速的特点。枣树一年内追肥3~4次。

（三）叶面肥

叶面喷肥对枣树叶片光合作用有促进作用，能提高枣树的结果能力。叶面喷肥，肥效期较短，仅几天时间，只能作为重要生长期增补肥料的方法，不能代替土壤施肥。

第八节 草 莓

一、草莓施肥的时期

草莓在一年中，各器官随着季节的变化；其生理机能也发生规律性的变化，一般将其分为开始生长期、开花结果期、旺盛生长期、花芽分化期和休眠期 5 个阶段。

草莓根系为须根，分布浅，有 70% 的根系分布在 20cm 深土层中。草莓是喜水、喜肥作物，要求保肥保水能力强、通气良好、质地疏松的沙壤土。全生育期要合理施肥，确保植株生长健壮，开花多，坐果多，果实品味好，产量高。壮苗是优质高产高效的基础。壮苗体内积累营养多，根系发达，种植后成活快，花芽分化多而饱满，能结出又大又多的果实。施足基肥是草莓苗壮的基本条件。选择前茬不是番茄、马铃薯、茄子、辣椒、甜菜、豌豆等作物，含有丰富的有机质和各种矿物质的土壤地块。

在定植前整地作畦，深翻土壤 30~40cm，在深翻的同时施足基肥。

二、草莓施肥的方法

（一）基肥

在北方定植时期为 8 月下旬至 9 月上旬，长江流域为 9 月中旬至 10 月中旬。定植过晚，越冬前不能形成壮苗，影响翌年产量。设施栽培的定植期应早于露地栽培。

由于草莓多为一年一栽，基肥是在定植前施入，可提前施入 1 个月，在 8 月下旬完成。基肥以腐熟有机肥为主，充分捣碎，撒施均匀，同时结合深翻整地。草莓需肥量大，且栽植密度高，生长期补肥较为不便，基肥在较长时期是供给草莓多种养分的主要肥料。因此，基肥要一次施足。每亩至少施鸡粪或厩肥等农家肥 3 000~5 000kg，并可加入适量磷、钾肥等。

有条件的以测土配方施肥为佳。鸡粪中有机质含量是猪圈肥的 2 倍多，含氮量是 3 倍多，含磷量是 8 倍多，含钾量也较高。故鸡粪更适合作为草莓种植的基肥使用。

（二）追肥

追肥以速效肥料为主，在草莓生长期施用，及时补充草莓所需要的养分。追肥时期、数量和次数依土壤肥力和植株生长发育状况而定。一般可在萌芽前、花前、采后或花芽分化后进行。生长前期每 20d 追肥 1 次，之后 30d 1 次。施肥量不可过多，每亩可追施复合肥 10~20kg 或其他优质适宜的肥料。采用浅沟施或穴施。

（三）叶面肥

草莓种植密度大，叶片吸收肥料能力强，采用叶面喷施追肥，用肥量小，发挥作用快，且更易操作，减轻人力。叶面追肥可促进根系发育，增加果实产量，改善果实品质。通常采用 0.3%~0.5% 尿素、0.3%~0.5% 磷酸二氢钾、0.1%~0.3% 硼酸、0.03% 硫酸锰或 0.01% 钼酸铵等。根外追肥以现蕾期、开花期、花芽分化期最重要。喷施时间以 15—16 时为宜。

第九节　李

一、李施肥的时期

（一）基肥施入时期

早施秋季基肥，一般在果实采收后即施（8—9 月），使之吸取和贮存更多的养分，有利于恢复树势，促进根系生长和花芽的形成，对促进翌年新梢生长和开花坐果有明显效果。

（二）追肥时期

早春在开花前（花序已伸出），追 1 次肥，以氮、磷、钾为主。三要素的比例多少要根据树势而定。树势强旺氮素要少，树势弱花量多，氮素相应要多。在幼果迅速膨大期，即新梢旺盛生长期，要进行第二次追肥，以氮肥为主。采果后结合施有机肥，要追施磷、钾肥。除以上几次追肥外，在每次药剂防治病虫害的同时，进行根外追肥，在药液里加上 0.5%～1% 复合肥、尿素。这样可以随时补充树体营养。

二、李施肥的方法

（一）基肥

基肥能够为李子树高产奠定基础，在整地的时候，施入腐熟的有机肥和绿肥，可以在基肥中加入适量的速效氮肥，以满足李子树发芽、开花需要的养分，而且秋季施入基肥是最好的，利于伤根愈合，促进生长新根继续吸收营养。

（二）追肥

根据各个时间段李子树的需肥特点，分别施入不一样的肥料，一般来说，有以下 4 个阶段需要施入肥料。

（1）花前追肥。这个时候要追施速效氮肥，可以满足李子树萌芽和花期营养需求，一般在萌芽前 10d 施入。

（2）花后追肥。此时正值幼果、新梢同时进入生长高峰的时候，肥料供给一定要充分，一般追施复合肥，这样可以提高坐果率，促进幼果、新梢同时生长。

（3）果实膨大和花芽分化期追肥。在生理落果后至果实进入速效膨大期前，追施复合肥，可以提高果实养分积累，利于果实膨大，又利于花芽分化。

（4）果实生长后期追肥。在果实开始着色至采收期间追肥。这次的肥料以磷、钾肥为主，并结合叶面喷肥，这次肥对提高树势，实现高产稳产，提高果实品质，有着至关重要的作用。

第十节　猕猴桃

一、猕猴桃施肥时期

(一) 基肥

一般提倡秋施基肥，采果后早施比较有利。根据各品种成熟期的不同，施肥时期为 10—11 月，这个时期叶片合成的养分大量回流到根系中，促进根系大量发生，形成又一次生长高峰。同时由于采果后叶片失去了果实的水分调节作用，往往发生暂时的功能下降，需要肥水恢复功能。早施基肥辅以适当灌溉，对加速恢复和维持叶片的功能，延缓叶片衰老，增长叶的寿命，保持较强的光合生产能力，具有重要作用。秋施基肥因此可以提高树体中贮藏营养水平，有利于猕猴桃落叶前后和翌年开花前一段时间的花芽分化，有利于萌芽和新梢生长，开花质量好，又有利于授粉和坐果。

施基肥应与改良土壤、提高土壤肥力结合起来。应多施入有机肥，如厩肥、堆肥、饼肥、人粪尿等，同时加入一定量速效氮肥，根据果园土壤养分情况可配合施入磷、钾肥。基肥的施用量应占全年施肥量的 60%，如果在冬、春施可适当减少。

(二) 追肥

追肥应根据猕猴桃根系生长特点和地上部生长物候期及时追施，过早过晚都不利于树体正常的生长和结果。

(1) 萌芽肥一般在 2、3 月萌芽前后施入，此时施肥可以促进腋芽萌发和枝叶生长，提高坐果率。肥料以速效性氮肥为主，配合钾肥等。

(2) 壮果促梢肥一般在落花后的 6—8 月，这一阶段幼果迅速膨大，新梢生长和花芽分化都需要大量养分，可根据树势、结果量酌情追施 1~2 次。该期施肥应氮、磷、钾肥配合施用。还要注意观察是否有缺素症状，以便及时调整。

二、猕猴桃施肥方法

根据树体大小和结果多少以及土壤中有效养分含量等因素灵活掌握。一般年早春 2 月和秋季 8 月采果后分两次施入，以堆肥、饼肥、厩肥、绿肥为主，配施适量尿素、磷肥和草木灰等。

第五章 化肥鉴别

第一节 化肥的种类及单纯施用化肥的缺点

一、化肥的种类

化学肥料也叫无机肥料，这类肥料养分含量一般比较高，而且大都是工业产品，成分比较单一。化学肥料一般根据其有效成分划分为氮肥、磷肥、钾肥、复合肥、复混肥和微量元素肥几大类。

（一）氮肥

氮肥是以可被植物利用的氮素化合物为主要成分的化学肥料，常见的主要品种有铵态氮的硫酸铵、碳酸氢铵、氯化铵，硝态氮的硝酸铵以及酰胺态氮的尿素。

（二）磷肥

磷肥是含有磷素营养成分的肥料，主要品种有水溶性的过磷酸钙、枸溶性的钙镁磷肥和难溶性的磷矿粉。

（三）钾肥

钾肥是含有钾素营养成分的肥料，钾肥品种比较简单，约有95%是氯化钾，硫酸钾约占5%，此外，还有少量的硝酸钾。

（四）复合肥

复合肥是在制造过程中发生明显的化学变化而形成含有氮、

磷、钾三种要素中两种或全部营养元素的化合物，常见的有磷酸铵、磷酸二氢钾、硝酸钾和硝酸磷肥等。

复混肥是将几种单质肥料或一些复合肥料，通过机械混合而制成的含有一定氮、磷、钾配比的肥料，常用的有二元复混肥和三元复混肥。

（五）微量元素肥

微量元素肥是含有效态硼、锰、铜、锌、钼、铁等微量营养元素的肥料。

二、单纯施用化肥的缺点

化肥具有养分高、肥效快、体积小、运输和施用方便等优点。但是，化肥养分浓度高，养分单一，有些含有副成分，如果使用不当，会对土壤和作物产生不良影响。

（一）造成土壤各类养分比例失调

化肥基本上是单质肥料，施入土壤后，打破了土壤原有的养分平衡，长期过量施入而不补充有机物，土壤有机质消耗过度，养分比例失调反过来影响化肥的肥效。

（二）农田生态环境遭到破坏

过度施入化肥，通过淋失、挥发和固定，大量的化学物质进入土壤、空气和水系，致使环境状况逐渐恶化，特别是水系，化学物质的增加，富营养化严重影响人身安全。

（三）土壤理化性状恶化

长期施用化肥，土壤有机质下降，团粒结构性能降低，土壤板结现象加剧，保肥保水能力降低。

（四）土壤微生物区系遭到破坏

过量化肥，尤其是氮肥对微生物具有杀伤作用和抑制作用，长期施用，大量的微生物死亡，土壤微生物区系发生变化，许多有益微生物从优势种群变为次要种群，作物易发生各类病害。

（五）农产品品质下降

化肥的肥效较快，对作物前期生长作用明显，而对作物养分积累不利，化肥部分物质被作物吸收积累到植物体中，影响产品品质。

第二节　肥料的性质与施用技术

一、化学肥料的性质与施用技术

（一）大量元素肥料施用方法及注意事项

碳酸氢铵宜深施。由于碳酸氢铵很不稳定，最容易分解为氨气而挥发，且温度越高，挥发损失就越大，所以不宜在温室大棚内使用，也不能撒施于表土，应进行沟施或穴施。

尿素施后不宜立即浇水。尿素施入土壤后，会很快转为酰铵，很易随水流失，因而施用后不宜马上浇水，也不要在大雨前施用。尿素可作为根外追肥施用，能有效地防止作物中后期因植株缺氮出现早衰现象，但要注意避免发生肥害烧苗。尿素还要忌作种肥。

硫酸铵忌长期使用。硫酸铵属生理性酸性化肥，若在地里长期施用，会增加土壤酸性，破坏土壤团粒结构，使土壤板结而降低理化性能，不利于培肥地力。

硝态氮化肥勿在稻田和菜地施用。硝酸铵、硝酸钠等硝态氮化肥施入稻田后，易产生反硝化作用而损失氮素。硝态氮肥料施入菜地后，会使蔬菜硝酸盐含量成倍增加，并能在人体内还原成亚硝酸盐，对人体危害极大。

含氯化肥忌施于盐碱地和忌氯作物上。氯化铵、氯化钾等含氯化肥施入土壤中分解后日积月累会导致土壤酸化，在盐碱地上使用，会加重盐害。对忌氯作物如薯类、西瓜、葡萄等施用含氯化肥，可使其产品淀粉和糖分下降，影响产品的产量和质量。

磷肥不宜分散施用。由于磷肥的活动性小而难以被作物吸收，因而在施用磷肥时，应作基肥施用，并较集中施于播种沟或穴内，最好是与有机渣肥混合堆沤一段时间再施用。

钾肥不宜在作物生长后期追施。由于农作物下部茎叶中的钾元素能转移到顶部细嫩部分再利用，因而钾肥应提前在作物苗期或进入生殖生长初期追施，或一次性作为基肥施用。

（二）微量元素肥料施用方法及注意事项

微量元素包括硼、锌、钼、铁、锰、铜等营养元素。虽然植物对微量元素的需要量很少，但它们对植物生长发育的作用与大量元素是同等重要的。当某种微量元素缺乏时，作物生长发育就会受到明显的影响，产量降低，品质下降。另外，微量元素过多会使作物中毒，轻则影响产量和品质，严重时甚至危及人、畜健康。随着作物产量的不断提高和化肥的大量施用，对微量元素肥料的正确施用需求逐渐迫切。在微量元素肥料中，通常以铁、锰、锌、铜的硫酸、硼酸、钼酸盐及其一价盐应用较多。

通过施用微肥满足作物需求，已成为当代农业优质高产的一项重要措施。微量元素需要量极少，又极易被土壤固定，叶面喷施效果要优于土壤施用。

1. 微量元素肥料的主要品种及使用

（1）硼肥。品种有硼砂、硼酸等。硼砂、硼酸为常用硼肥，土施每亩 0.5 ~ 0.75kg，叶面喷施浓度 0.1% ~ 0.3%，浸种浓度 0.01% ~ 0.1%，拌种为每千克种子用 0.2 ~ 0.5g。

（2）锰肥。品种有硫酸锰、碳酸锰、氯化锰、氧化锰等。硫酸锰是常用的锰肥，土施每亩 1 ~ 2kg，叶面喷施浓度 0.05% ~ 0.2%，浸种浓度 0.05% ~ 0.1%，拌种为每千克种子用 4 ~ 8g。

（3）铜肥。品种有硫酸铜、氧化铜、螯合态铜、含铜矿渣等。硫酸铜为常用铜肥，土施每亩 0.8~1.5kg，叶面喷施浓度 0.01%~0.05%，浸种浓度 0.01%~0.05%，拌种为每千克种子用 300mg。

（4）铁肥。品种有硫酸亚铁、硫酸亚铁铵、铁的螯合物等。硫酸亚铁为常用品种，土施每亩 5kg，叶面喷施浓度 0.3%~0.5%。

（5）锌肥。品种有硫酸锌、氧化锌、氯化锌等。硫酸锌为常用锌肥，土施每亩 1~2kg，叶面喷施浓度 0.01%~0.05%，浸种浓度 0.02%~0.05%，拌种为每千克种子 1~3g。

（6）钼肥。品种有钼酸铵、钼酸钠、三氧化钼等。钼酸铵是常用的钼肥，土施每亩 50~150g，喷施浓度 0.01%~0.1%，浸种浓度 0.05%~0.1%，拌种为每千克种子用 2~5g。

2. 微量元素肥料的施用方法

（1）土壤施入法。微量元素肥料可作基肥、种肥或追肥施用。为节省肥料、提高肥效，通常采用条施或穴施方法。土壤施用微量元素肥料有一定的后效，可隔年施用。

（2）植物体施肥法。速效性微量元素肥料多应用于植物体，施肥方法有以下 4 种。

①拌种。用少量的水将微量元素肥料溶解，喷洒在种子上，边喷边搅拌，使种子沾上一层溶液，阴干后播种。拌种用量一般为每千克种子用肥 1~6g，用水 40~60mL。

②浸种。微量元素肥料浸种浓度是 0.01%~0.1%，浸种时间为 12~24h，种子与溶液质量比为 1：1。

③蘸根。对水稻及其他移植作物施微量元素肥料时，可采用此方法。浓度为 0.1%~1.0%。用于蘸根的肥料不含危害幼根的物质。

④根外喷施。根外喷施是微量元素肥料施用中经济有效的施

用方法。常用浓度为 0.02%～0.1%。以叶片的正反两面都被溶液沾湿为宜。对铁、锌、硼、锰等易被土壤固定的微量元素肥料采用此种施用方法效果较好。

3. 施用微量元素肥料应注意的事项

微量元素肥料施用有其特殊性，如果施用不当，不仅不能增产，甚至会使作物受到严重伤害。为提高肥效，减少伤害，施用时应注意如下事项。

（1）控制用量、浓度，力求施用均匀。作物需要微量元素的数量很少，许多微量元素从缺乏到适量的浓度范围很窄。因此，施用微量元素肥料要严格控制用量，防止浓度过大，施用时必须注意均匀，也可将微量元素肥料拌混到有机肥料中施用。

（2）针对土壤中微量元素状况而施用。在不同类型、不同质地的土壤中，微量元素的有效性及含量不同，施用微量元素肥料的效果也不一样。一般来说，北方的石灰性土壤，铁、锌、锰、铜、硼的有效性低，易出现缺乏；而南方的酸性土壤，钼的有效性低。因此，施用微肥时应针对土壤中微量元素状况合理施用。

（3）注意各种作物对微量元素的反应选择施用。各种作物对不同的微量元素有不同的反应，敏感程度不同，需要量也不同，施用效果有明显差异。例如，玉米施锌肥效果较好，油菜对硼敏感，禾本科作物对锰敏感，豆科作物对钼、硼敏感。所以，要针对不同作物对不同微量元素的敏感程度和肥效，合理选择和施用。

（4）注意改善土壤环境。土壤微量元素供应不足，往往是由于土壤环境条件的影响。土壤的酸碱性是影响微量元素有效性的首要因素，其次还有土壤质地、土壤水分、土壤氧化还原状况等因素。为彻底解决微量元素缺乏问题，在补充微量元素养分的同时，还要注意改善土壤环境条件，如酸性土壤可通过施用有机肥料或施用适量石灰等措施调节土壤酸碱性，改善土壤微量元素营养状况。

（5）注意与大量元素肥料、有机肥料配合施用。只有在满足了作物对大量元素氮、磷、钾等需要的前提下，微量元素肥料才能表现出明显的增产效果。有机肥料含有多种微量元素，作为维持土壤微量元素肥力的一个重要养分补给源，不可忽视。施用有机肥料，可调节土壤环境条件，达到提高微量元素有效性的目的。有机肥料与无机微肥配合施用，应是今后农业生产中土壤微量元素养分管理的重要措施。

二、复混肥料施用技术

（一）复混肥料的施用技术要点

复混肥料的施用技术要点之一是应作基肥施用。理由是：其一，作基肥可以深施，有利于中后期作物根系对养分的吸收。其二，复混肥料一般都是含氮、磷、钾的三元复混肥料，作基肥可以满足作物中后期对磷、钾养分的最大需要。其三，作基肥施用可以克服中后期追施磷、钾肥的困难。

复混肥料的施用技术要点之二是原则上不提倡用三元复混肥料作追肥，而强调用单质氮肥作追肥。不提倡用三元复混肥料作追肥的理由是，避免磷、钾资源的浪费，因为磷、钾肥施在土壤表面很难发挥作用，当季利用率不高。如果基肥中没有施用复混肥料，在出苗后也可适当追施，但最好要开沟施用，并且施后要覆土。复混肥料用作冲施肥应选用氮、钾含量高，全水溶性的复混肥。

复混肥料施用技术要点之三是原则上不能用高浓度复混肥作种肥，因为高浓度肥料与种子混在一起容易烧苗。如果一定要作种肥，要以使种子与肥料分开为原则。

（二）施用复混肥料应注意的3个问题

第一，复混肥虽是个好肥料，但施用量不能过大。据农民反映，种白菜每亩施用12-6-7的复混肥高达200～250kg，结果白菜长得并不理想，建议生产者要自觉走出"施肥越多越增产"的误区。

第二，要根据作物种类选购适合的复混肥料，有的农民不管种白菜还是种萝卜，一律用12-6-7复混肥料就不合适了。因为叶菜类蔬菜喜氮，而根菜类蔬菜喜钾，就应选择不同的复混肥料。肥料针对性强，效果自然就好。

第三，计算复混肥用量要以磷、钾养分为准，不足的氮素可用单质氮肥作追肥调整，这样就可以做到平衡施肥了。

三、微生物肥料施用技术

微生物肥料是由一种或数种有益微生物、经工业化培养发酵而成的生物性肥料。通常把微生物肥料分为两类：一类是通过其中所含微生物的生命活动，增加植物营养元素的供应量，改善植物营养状况，进而增加产量，其代表品种是菌肥；另一类是广义的微生物肥料，虽然也是通过其所含的微生物生命活动作用使作物增产，但它不仅能提高植物营养元素的供应水平，还通过它们所产生的次生代谢物质，如激素类物质对植物的刺激作用，促进植物对营养元素的吸收利用，或者能够抵抗某些病原微生物的致病作用，减轻病虫害，从而提高农作物产量和品质。

（一）微生物肥料的主要种类及特点

我国对菌肥的研究和应用起步较早，1950年开始对根瘤菌、抗生菌等多种菌剂进行了全面的研究和应用。目前，国内农业上应用最广泛的是根瘤剂，其次是抗生菌肥料和固氮菌剂，近年来磷细菌剂和钾细菌剂应用也日趋广泛。2002 年后，又出现了集造肥、促生、抗病、抗逆、改良土壤等多功能于一身的放线菌类微生物菌剂。生物有机肥是由微生物菌剂和优质有机肥混合而成的生物肥料，在生产实践中效果较明显，成为部分或全部替代化肥的新生力量。在微生物肥料中，以根瘤菌剂的研究和应用为最早和最广泛。磷钾细菌剂的应用研究始于 20 世纪 60 年代。钾细菌肥料又称生物钾肥、硅酸盐菌剂，其主要成分是硅酸盐细菌。固氮菌肥料能在常温常压下利用空气中的氮气作为氮素养料，将分子态氮还原为氨，产生固氮作用。施用生物钾肥是缓解我国钾肥不足、改善土壤大面积缺钾状况的有效措施。生产中需要注意的是，钾细菌肥料本身不含有钾肥，所以应用时仍要配施钾肥。磷细菌肥料就是能把土壤中的无效磷转化成有效磷的一种微生物制剂。放线菌是化能有机营养型的微生物，分解有机碳化物获得碳源和能源。复合菌肥由一种以上的微生物菌剂复合而成，如 EM。

（二）微生物肥料的作用机制

微生物肥料的功效主要是与营养元素的来源和有效性有关，或与作物吸收营养、水分和抗病有关，概括起来有以下 3 个方面。

1. 增加土壤肥力

这是微生物肥料的主要功效之一。如各种自生、联合、共生的固氮微生物肥料，可以增加土壤中的氮素来源；多种解磷、解钾微生物的应用，可以将土壤中难溶的磷、钾分解出来，从而能为作物吸收利用。

2. 产生植物激素类物质，刺激作物生长

许多用作微生物肥料的微生物还可产生植物激素类物质，能刺激和调节作物生长，使植物生长健壮，营养状况得到改善。

3. 对有害微生物起到生物防治作用

由于在作物根部接种微生物，微生物在作物根部大量生长繁殖，形成作物根际的优势菌，限制了其他病原微生物的繁殖机会。同时，有的微生物对病原微生物还具有抵抗作用，起到了减轻作物病害的功效。

(三) 微生物肥料的使用方法

微生物肥料的种类不同，用法也不同。

1. 液体菌剂的使用方法

(1) 种子上的使用。

①拌种。播种前将种子浸入 10～20 倍菌剂稀释液或用稀释液喷湿，使种子与液态生物菌剂充分接触后再播种。

②浸种。菌剂加适量水浸泡种子，捞出晾干，种子露白时播种。

(2) 幼苗上的使用。

①蘸根。液态菌剂稀释 10～20 倍，幼苗移栽前把根部浸入液体蘸湿后立即取出即可。

②喷根。当幼苗很多时，可将 10～20 倍稀释液放入喷筒中喷湿根部即可。

(3) 生长期的使用。

①喷施。在作物生长期内可以进行叶面追肥，把液态菌剂按要求的倍数稀释后，选择阴天无雨的日子或晴天下午以后，均匀喷施在叶片的背面和正面。

②灌根。按 1:（40～100）的比例搅匀后按种植行灌根或灌溉果树根部周围。

2. 固体菌剂的使用方法

(1) 种子上的使用。

①拌种。播种前将种子用清水或小米汤喷湿，拌入固态菌剂充分混匀，使所有种子外覆有一层固态生物肥料时便可播种。

②浸种。将固态菌剂浸泡1~2h后，用浸出液浸种。

（2）幼苗上的使用。将固态菌剂稀释10~20倍，幼苗移栽前把根部浸入稀释液中蘸湿后立即取出即可。

（3）拌肥。每1 000g固态菌剂与40~60kg充分腐熟的有机肥混合均匀后使用，可作基肥、追肥和育苗肥用。

（4）拌土。可在作物育苗时，掺入营养土中充分混匀制作营养钵；也可在果树等苗木移栽前，混入稀泥浆中蘸根。

3. 生物有机肥的施用方法

（1）作基肥。大田作物每亩施用40~120kg，在春、秋整地时和农家肥一起施入；经济作物和设施栽培作物根据当地种植习惯可酌情增加用量。

（2）作追肥。与化肥相比，生物有机肥的营养全、肥效长，但生物有机肥的肥效比化肥要慢一点。因此，使用生物有机肥作追肥时应比化肥提前7~10d，用量可按化肥作追肥的等值投入。

（四）购买和使用微生物肥料时应注意的7个问题

使用微生物肥料符合生产安全、无公害农产品的肥料原则要求，已被中国绿色食品发展中心列入生产绿色食品允许使用的肥料。但微生物肥料对许多生产者来说还是一个新生事物，因此要在推广微生物肥料的过程中详细说明使用时的注意事项。

1. 选购时要看证

要想选择质量有保证的微生物肥料，首先要看有没有农业农村部颁发的生产许可证或临时生产许可证。各省没有资格颁发微生物肥料的生产许可证或临时生产许可证。

2. 选择合格产品

国家规定微生物肥料菌剂有效活菌数≥2亿个/g，肥料有效活菌数≥2 000万个/g，为了使生物肥在有效期末期仍然符合这一要求，一般生产厂商在出厂时应该有40%的富余。如果达不到这一标准，说明质量达不到要求。

3. 注意产品的有效期

微生物肥料的核心在于其中的活的微生物，产品中有效微生物数量是随保存时间的增加逐步减少的，若数量过少则起不到应有的作用。因此，要选用有效期内的产品，最好用当年生产的产品，坚决不购买使用超过保存期的产品。

4. 注意存放和运输过程中的条件

避免阳光直晒，防止紫外线杀死肥料中的微生物；应尽量避免淋雨，存放则要在干燥通风的地方；产品贮存环境温度应避免长期在35℃以上和-5℃以下低温。

5. 禁止与杀菌剂或种衣剂混放混用

对于种子的杀菌消毒，应在播种前进行，最好不用带种衣剂的种子播种。

6. 采取合理的农业技术措施

通过合理农业技术措施，改善土壤温度、湿度和酸碱度等环境条件，保持土壤良好的通气状态（即耕作层要求疏松、湿润），保证土壤中能源物质和营养供应充足，促使有益微生物的大量繁殖和旺盛代谢，从而发挥其增产增效的肥力作用。一般来说，有水灌溉的耕地比干旱地的效果好；有机质丰富、地力肥沃的土壤要比贫瘠的土壤效果好；松散透气、团粒结构好的土壤比板结的土壤效果好；温暖季节施用要比严寒低温施用效果好；与有机肥混合施用比不加有机肥效果好；集中施用（穴施或沟施）、近根施用比撒施效果好；单独施用比与氨态化肥、杀菌农药合用效果好；在作物生长过程中早施比晚施效果好。

7. 注意使用方法

各种微生物肥料在使用中所采用的拌种、基肥、追肥等方法，应严格按照使用说明书的要求操作。

（1）根瘤菌肥。使用于豆科作物，一般用作拌种。每亩用30~40g，加适量的水调匀黏附于种子。要求随拌随播，忌干燥和阳光直晒。超过48h应重新拌种。作物出苗后发现结瘤效果差时，可在幼苗附近浇泼兑水的根瘤菌肥。如用经农药消毒的种子，应在根瘤菌拌前2~3周消毒。

（2）固氮菌剂。除豆科作物外的各种作物，如小麦、玉米、蔬菜等都可施用。可作基肥、追肥，或用来蘸根、拌种。不能与强酸、强碱或有杀菌作用的农药、肥料同时使用。不能与大量的氮肥同时施用，至少要相隔10d。但与有机肥、磷钾肥混合施用，则有利于促进固氮菌的活性。每亩用量0.5~1kg，先用清水将作物种子拌湿，撒上菌剂拌匀，最好先与麸糠、碎玉米和磷肥等配成营养液，再将种子倒入拌匀。追肥时可与土粪拌和沟施或穴施在植株附近。

（3）抗生菌剂。能减轻作物烂种烂根，提高出苗率，并能促进生长，促使早熟。对一些地下害虫也有一定的抑制作用。麦类、豆类可用菌粉拌种。先将种子用水喷湿，每亩用菌粉30~50g，拌匀；也可将菌粉5~10份，混入饼粉10份，肥土100~300份的饼土肥粉中。作基肥或追肥，每亩用100~250kg，与过磷酸钙混合作种肥效果好。可与杀虫剂混用，但不可与杀菌剂混用。

（4）磷菌剂。一般分为两种：一种是有机磷细菌，借助于细菌生命活动中产生的酶，使难以利用的有机磷转化成能为植物利用的形态；另一种是无机磷细菌，通过它产生的酸，加强土壤中难溶性磷酸盐的溶解。

四、有机肥料施用技术

有机肥来源广泛、品种多，几乎一切含有有机物质并能提供多种养分的物料都可以称之为有机肥。有机肥料除能提供作物养分、维持地力外，在改善作物品质、培肥地力等方面起着重要作用，实行有机肥料与化肥相结合的施肥制度十分必要。随着农业的发展，工厂化生产有机肥的企业大量涌现，有机肥已超出农家肥的局限向商品化方向发展。

（一）有机肥料的合理施用原则

合理施用有机肥料的基本原则是有机肥料的用量和施用条件的确定和有机肥与化肥的配合施用。

粗有机肥料一般施用量较大，除秸秆还田用量不宜过高外，大多施用量为每亩施 1 000~2 000kg，且主要用作基肥，一次性施入土壤。部分粗制有机肥料（如粪尿肥、沼气肥等）因速效养分含量相对较高，释放也较快，亦可作追肥施用，但多用在蔬菜和经济作物上。绿肥和秸秆还田一般应注意耕翻的适宜时期和分解条件。

有机肥料和化肥配合施用，是提高化肥和有机肥肥效的重要途径。在有机、无机肥料配合施用中应注意二者的比例以及搭配方式。许多研究表明，以有机肥料的氮量与氮肥的氮量比1∶1左右增产效果最好。除了与氮素化肥配合外，有机肥料还应注意与磷、钾肥及中、微量元素肥料的配合施用或与复混肥料配合施用。

应根据当地情况选择相应的肥源，由于有机肥料肥效缓慢长久，一般作基肥和在生长中期结合培土施用。另外，有机肥料对改善土壤结构、提高土壤肥力有很好的作用。

（二）商品有机肥特点与施用

商品有机肥是以畜禽粪便、动植物残体等富含有机质的资源为主要原材料，采用工厂化方式生产的有机肥料。与农家肥相比，具有养分含量相对较高、质量稳定的特点。主要有：精制有机肥、有机-无机复混肥和生物有机肥。有机-无机复混肥是在有机肥中加入了速效化肥，属养分较高的肥料；生物有机肥是指由特定功能微生物与经过无害化处理、腐熟的有机物料复合而成的肥料。

商品有机肥一般作基肥施用，也可以用作追肥。在用法上，根据土壤肥力不同推荐量也应有所不同，对高肥力新菜田（有机质>2%），可以控制精制有机肥用量在每亩300~500kg；中肥力新菜田（有机质1.5%~2%）可每亩施用1t精制有机肥；低肥力新菜田（有机质<1.5%）要强化培肥力度，每亩需要精制有机肥1~2t。有机肥作基肥时，配合施用少量的氮磷钾复混肥或磷钾肥，施入效果会更佳。

有机-无机复混肥，其养分含量较高，作基肥的用量应少于精制有机肥；在作物生长中期还可根据情况作追肥施用。而生物有机肥则一般应配合农家肥或商品有机肥施用，效果更好。

第三节 化肥质量的鉴别方法

一、化肥质量鉴别的一般方法

化学肥料种类繁多，贮藏存放一段时间后，其包装上的标识会变得不清晰甚至无法辨认，给使用造成不便，因此介绍4种常用化肥的简易鉴别方法。

（一）外观鉴别

氮肥除石灰氮略呈浅褐色外，其他均为白色结晶状，钾肥为白色结晶，但加拿大钾肥为红褐色。磷肥一般呈粉状，多为灰白色或灰色。具体做法是：在播种前对土壤进行测试，pH值为6~6.5的每平方米施用专用调酸肥30~40g；pH值为6.5~7的施40~50g，于播种前一天施入，并与土壤充分混合，使土壤pH值调至4.5~5.5。

（二）溶解度鉴别法

一般氮肥和钾肥都可溶于水，而磷肥仅部分溶于水或不溶于水，其中过磷酸钙部分溶于水且有酸味，而钙镁磷肥与磷矿粉不溶于水。

（三）与碱性物反应

取少许肥料与等量的生、熟石灰一起混合，能闻到刺鼻的氨味，则为含氨的氮肥或复混肥，否则为不含氨的肥料。

（四）燃烧法

将肥料放在一块铁板上，在火上灼烧观察：大量冒白烟，有氨臭，无残渣，为磷酸氢铵；不熔融，直接升华或分解，有酸味的为氯化铵；可熔融成液体或半液体，大量冒白烟，有氨味和刺鼻的二氧化硫味，残留物冒黄泡，为硫酸铵；灼烧时肥料没有明显变化，但有爆裂声，干炸跳动，散在火中，火焰呈紫色的为钾肥，其中跳动剧烈而在水中溶解很慢的为硫酸钾，反之为氯化钾，撒在烧红的木炭上有助燃作用的为硝酸钾。

二、氮肥鉴别方法

氮肥若有强烈的刺激性氨臭味，固体的是碳铵，受热分解为氨、二氧化碳和水；液体的是氨水。

氮肥若闻不到氨味，加苏打粉或石灰仍无氨味，将少许肥料放在铁片上烧，如果迅速溶化，冒白烟，有氨味，就是尿素。

氮肥加碱液有氨味，将少量肥料放在炭火上，如燃烧变化，就是硝酸铵。

氮肥加碱液有氨味，在小铁片上烧，逐渐熔化，并出现"沸腾状"，冒白烟有残留灰烬，就是硫酸铵。在此氮肥溶液中加几滴5%氯化钡，有大量白色沉淀，加稀盐酸又不溶解，则可进一步证明是硫酸铵。

氮肥加碱液有氨味，在试管中加热未熔化便升华，白烟甚浓有盐酸味，就是氯化铵。在此氮肥溶液中加几滴1%硝酸银产生大量白色絮状沉淀并不溶于稀硝酸，可进一步证明是氯化铵。

氮肥呈灰黑色粉末，加水绝大部分不溶解，发生气泡，并有"电石味"的就是石灰氮。

三、磷肥鉴别方法

磷肥有很多品种，要鉴别是哪一种磷肥，可做个简单的试验，然后再作观察。取一个玻璃杯或白瓷碗，装大半杯洁净的凉开水（注意一定要洁净的），然后取化肥样品一小匙，缓慢地倒入水中，一边倒，一边用筷子搅拌，倒完后，再充分搅拌，静止一会儿后，观察其溶解情况。大部分溶于水的是重过磷酸钙，小部分溶于水的是普通过磷酸钙，基本不溶于水的是钙镁磷肥、磷矿粉肥或骨粉等。

再根据肥料的颜色、气味和形状等进行区别。钙镁磷肥是暗绿、灰褐、灰黑等色，磷矿粉肥是灰褐色或灰黄色粉末，不吸湿，无酸味。过磷酸钙是灰白色粉状或颗粒，具有酸味，用手捻一下，有湿涩的感觉。重过磷酸钙是灰色颗料，粒形圆滑，坚硬。

磷肥质量好坏，可从4个方面来鉴定。

颜色、形状：磷肥颜色为灰白色，一般呈粉末状。若颜色洁白或黄色，说明生成过程中酸处理不完善或掺杂，含磷量低。如已打饼结块，说明已吸湿，含水量高，质量也会受到影响。

气味：标准的磷稍有酸味，如果无味，说明质量不高或严重掺假；如果酸味刺鼻，说明游离状态的酸含量过高，使用后不但起不到应有的肥效，还会污染土壤，使土壤板结，灼伤植物根系，影响种子发芽。

手感：质量高的磷肥含水量为9%左右，手摸感觉凉爽，捏不出水。如果能捏出水或似干土一般，都说明质量不高，有效含量低。

灼烧试验：进行灼烧试验，磷肥不熔化，不起反应。

四、钾肥鉴别方法

钾肥是农业生产中较为重要的肥料，可用以下方法鉴别真假钾肥。

进口氯化钾是老红色光滑的颗粒；而外观上不光滑、有棱角的红色碎块为红砖。

全溶于水的为进口氯化钾；不溶于水的红碎块为红砖等杂质。

进口氯化钾很坚硬，不易破碎；而红砖很脆，轻轻敲打就碎裂开。

在烧红的木炭上，发生爆裂声的为氯化钾、硫酸钾；发生熔融，无爆裂声的为氯化钠，无反应的为红砖。

五、复混肥鉴别方法

复混肥是采用两种或多种单一肥料经重新造粒而成的含有多元素的复合肥。大部分厂家以尿素、硫酸铵、碳酸铵作为氮源，也有以氯化铵作氮源的，以氯化钾或硫酸钾作钾源，以普钙、磷酸一铵、转镁磷肥作为磷源，根据作物的需要配成氮、磷、钾不同含量的复合肥。有的还制成专用肥、长效专用肥。可用以下方法鉴别复混肥的质量。

（一）看外包装

正规厂家产品的外包装比较规范，印有产品名称、商标、国家标准、生产许可证号、通用的复混肥氮磷钾的比值、总养分含量、净重、生产厂家、厂址及联系电话等。袋上标有"S"的是以硫酸钾作钾源的，没标或标有"Cl"的是以氯化钾作钾源的。应根据种植作物选择购买。而有些不正规厂家生产的复混肥包装质量较差，印的项目也不齐全、不规范。

（二）看肥料外观

正规厂家生产的产品颗粒均匀，颜色一致，没有结块现象，并且溶水性能好。一般以碳酸铵为氮源的复混肥比以尿素为氮源的溶解快，柱状挤压造粒的比球状的溶解得快。如成袋的复混肥结块，如果是以尿素为氮源的，并且结的块一摔就碎，质量没问题，施用后不会影响肥效，否则肥效不好。

（三）如何判断复混肥价格的高低

市场上复混肥的品种较多，差别有的是在养分含量上，有的是在同养分含量水平氮、磷、钾的不同比例上。购肥时只看价格、不看含量，哪个价低就买哪个是不科学的。一袋肥料便宜不一定就合算。如85元1袋买氮：磷：钾=18：10：6的总养分含量为34%的复混肥，就比花90元买1袋氮：磷：钾=27：9：9的总养分含量为45%的复混肥贵。前者虽然价格低，但总养分含量也低，平均每个养分2.5元，第二种肥价格贵，总养分含量也高，平均每个养分2.0元。同样花85元买1袋含量均为45%的复混肥，买氮：磷：钾=12：18：15的比买氮：磷：钾=15：15：15的更划算，因为市场上单一肥料，买一个养分氮需1.74元，买一个养分磷需2.15元，花同样的钱买含磷高的就便宜。

第四节　肥料的选购

一、肥料类型选购

单质肥料选购比较容易，根据土壤和作物情况，缺啥、补啥、买啥，相对简单。肥料类型的选购问题多出在复合（混）肥料上。复合肥比单质化肥增产增收，早已为广大农民所认识。但如何选购优质的复合肥料达到节资增产的目的，目前尚未被广大农民所掌握，加之市场上复合肥种类繁多，名称新颖，难以为农民所认识。为此，建议选购复合肥料时注意以下问题。

（一）掌握复合肥生产基本工艺

复合肥按组成工艺简单地可分为氯化钾型、硫酸钾型和硝酸钾型。其中氯化钾型是应用最广泛的常规复合肥，成本相对较低；硫酸钾型是忌氯或氯敏感作物使用的复合肥，专用性强，成本适中；硝酸钾型是近年来发展起来的高档复合肥，对土壤无副作用。如水稻可选用氯化钾型复合肥，茶叶、柑橘、蔬菜可选用硫酸钾型复合肥，柑橘、烟草等可选用硝酸钾型复合肥。

（二）掌握复合肥高、中、低浓度档次划分标准

复合肥内在质量除由生产工艺决定外，另一重要标志就是有效养分的含量，有效养分只能以氮磷钾（$N+P_2S_5+K_2O$）为标志，其他营养元素一概不作养分标志。某些企业把 S 等元素标入总养分是不规范的，误导农民。有效养分 ≥ 40% 为高浓度复合肥，有效养分 30% ~ 40% 为中浓度，有效养分 25% ~ 30% 为低浓度。三元素复合肥最低养分标准为 ≥ 25%，20% ~ 25% 只能生产二元素复合肥，低于 20% 为国家不允许生产产品。因此，了解这一概念对于选购复合肥具有积极意义，因为只要一看包装，就能知道复合肥品位。

（三）选购复合肥要注重品牌效应

品牌是市场竞争的产物，优秀的产品具有公认的市场效应。目前国内某些小企业为了迎合一些经销商的不法要求，以劣质货冒充名牌产品或进口产品外观的现象层出不穷，严重坑害了农民的合法利益，应予警惕。

（四）选择复合肥还要因时因地因用而异

酸性土壤，有机质含量低的土壤，应选用碱性复合肥或有机复合肥，碱性土壤应选择酸性复合肥，如腐殖酸类三元复合肥，

富磷或富钾土壤可选用针对性强的二元复肥。旱季可选用硝酸钾复合肥。梅季或雨季可选用铵态氮类复合肥，基肥可选用粗颗粒的复合肥，以利延长肥效，追肥可选用小颗粒的复合肥，以利加快肥效。

总之选择或选购复合肥要以经济、安全、高效、增质为目标，达到物尽其值。

二、优质肥料选购

了解了肥料类型选购的知识，还需了解购买优质肥料的有关知识。一般应注意以下问题。

（一）记厂家，认品牌

不同的肥料企业，由于生产工艺和设备条件不同，生产出的同类肥料不论是肥料的理化性质，还是肥效差别均较大，售后服务也不同。进口肥料要通过国家海关、出入境检验局检验合格后方可进口，质量有保证。

（二）听推荐，选门店

选好品牌和生产厂家后，还要了解去哪里买好的肥料，让熟悉的人推荐，选信誉好的经销商，购肥前最好检查一下是否有合法手续，不要购买流动小商贩的肥料。

（三）看标识，认准肥

目前农资市场上肥料种类繁多，外包装袋五花八门，一些不法商贩在包装袋上大做文章，坑农、害农。如前所述，肥料标识主要包括肥料名称及商标、肥料规格、等级和净含量、其他添加物含量、生产许可证编号、生产者或经销者的名称和地址、生产日期或批号、产品所执行的标准编号、警示说明等。其中特别要注意以下3点。

（1）氮、磷、钾的总养分含量。总养分含量中不应包括其他元素和有机质在内。

（2）单养分含量。单养分含量指氮、磷、钾等养分的各自含量。如果只标一个总养分是不对的，因为如果不知道其养分配比，就无法达到平衡施肥的要求。

（3）养分正负差。如"总养分45%±3%"这种标出，问题出在"±3%"上，厂家常常少给你3个养分，其实远不到45%，这时就要看正负差的大小，越小越好。

（四）索发票，留凭证

购买肥料后，不要忘记向经销商索要发票或小票。票据中应详细注明所购肥料名称、型号、价格、数量等内容，以便发生纠纷后维权。

第六章 农药鉴别

第一节 农药的分类

一、农药的含义和范围

农药的含义和范围，随着农药工业和农业生产的发展，不同的时代和不同的国家都有所差异。根据《农药管理条例》，目前我国所称的农药主要是指用于预防、控制危害农业、林业的病、虫、草、鼠和其他有害生物以及有目的地调节植物、昆虫生长的化学合成或者来源于生物、其他天然物质的一种物质或者几种物质的混合物及其制剂。因使用目的和场所的不同可具体包括以下6类。

一是预防、控制危害农业、林业的病、虫（包括昆虫、蜱、螨）、草、鼠、软体动物和其他有害生物。

二是预防、控制仓储以及加工场所的病、虫、鼠和其他有害生物。

三是调节植物、昆虫生长。

四是农业、林业产品防腐或者保鲜。

五是预防、控制蚊、蝇、蜚蠊、鼠和其他有害生物。

六是预防、控制危害河流堤坝、铁路、码头、机场、建筑物和其他场所的有害生物。

二、农药分类

随着生产实际的需要和农药工业的发展，农药新品种每年都在增加，根据农药的用途及成分、防治对象、作用方式机理、化学结构等，农药分类的方法多种多样。按防治对象，农药可分为杀虫剂、杀螨剂、杀菌剂、除草剂、杀线虫剂、杀鼠剂、植物生长调节剂、种子处理剂等几大类，每一大类又可再按其他方法进行细分。

（一）杀虫剂、杀螨剂

这类药剂用来防治农、林、卫生、贮粮及畜牧等方面的害虫，使用广泛，发展迅速，品种较多。常将杀螨剂也列入杀虫剂进行分类。

1. 按其成分及来源和发展过程分类

（1）无机杀虫剂，如砷酸钙、亚砷酸、氟化钠等。

（2）有机杀虫剂。

①天然的有机杀虫剂。植物性（鱼藤、除虫菊、烟草等）、矿物性（如石油等）。

②人工合成有机杀虫剂。有机氯类杀虫剂，如三氯杀虫酯、林丹等；有机磷类杀虫剂，如久效磷、敌百虫等；氨基甲酸酯类杀虫剂，如西维因、克百威等；拟除虫菊酯类杀虫剂，如氯氰菊酯等；有机氮类杀虫剂，如杀螟丹等。

③生物杀虫剂。包括微生物源杀虫剂、生物代谢杀虫剂和动物源杀虫剂如苏云金杆菌（Bt制剂）、白僵菌等。

2. 按杀虫剂的作用方式或效应分类

（1）胃毒剂。指经昆虫取食进入体内引起中毒的杀虫剂，如乙酰甲胺磷等。

（2）触杀剂。指经昆虫体壁进入体内引起中毒的杀虫剂，如马拉硫磷等。

（3）熏蒸剂。指施用后，呈气态或气溶胶态的生物活性成分，经昆虫气门进入体内引起中毒的杀虫剂，如溴甲烷、磷化氢等。

（4）内吸剂。指由植物根、茎、叶等部位吸收、传导到植株各部位，或由种子吸收后传导到幼苗，并能在植物体内贮存一定时间而不妨碍植物生长，并且其所吸收传导到各部位的药量，足以使危害该部位的害虫中毒致死的药剂，如乐果等。

（5）驱避剂。能使昆虫忌避而远离药剂所在处，本身并无毒害作用的药剂，如香茅草（对吸果蛾）等。

（6）不育剂。此药剂被昆虫摄入后，能破坏其生殖功能，使害虫失去繁殖能力，如喜树碱等。

（7）拒食剂。能使昆虫产生拒食反应的药剂，如印楝素等。

（8）昆虫生长调节剂。指通过扰乱昆虫正常生长发育，使昆虫个体生活能力降低、死亡或种群灭绝的杀虫剂，如印楝素、川楝素、灭幼脲等。

3. 按杀虫剂的毒理作用分类

（1）物理性毒剂。如油剂（矿物油）等。

（2）原生质毒剂。如重金属、砷素剂、氟素剂等。

（3）呼吸毒剂。如氰化氢、硫化氢、鱼藤酮等。

（4）神经毒剂。如氯化烃类、芳香族类及烯族烃类。

另外，还有微生物杀虫剂是利用能使害虫致病的真菌、细菌、病毒，通过人工培养，用以当作农药来防治或消灭害虫。

（二）杀菌剂

对真菌、细菌或病毒等具有杀灭或抑制作用的药剂，用以预防或治疗作物的各种病害，其分类方法也很多。

通常把杀线虫剂亦划为杀菌剂范围。

1. 按化学成分和化学结构分类

（1）无机杀菌剂。指以天然矿物为原料的杀菌剂和人工合成的无机杀菌剂，如硫酸铜、石硫合剂。

（2）有机杀菌剂。指人工合成的有机化合物，按其化学结构又可分为多种类型：有机硫、有机汞、有机砷、有机磷、氨基甲酸酯类等。其中，农用抗生素类杀菌剂，指在微生物或微生物的代谢物中所产生的抑制或杀死其他有害生物的物质；植物杀菌剂，指从植物中提取某些杀菌成分，作为保护作物免受病原菌侵害的药剂，主要代表是大蒜素，以及人工合成的其同系物乙基大蒜素。

（3）生物杀菌剂。如井冈霉素、春雷霉素、链霉素等。

2. 按作用方式和机制分类

（1）保护剂。在植物感病前施用，抑制病原孢子萌发，或杀死萌发的病原孢子，防止病原菌侵入植物体内，以保护植物免受病菌侵染危害的杀菌剂，如波尔多液、代森锌等。

（2）治疗剂。于植物感病后施用，直接杀死已侵入植物的病原菌的杀菌剂，如甲基硫菌灵、多菌灵、三唑酮等。

3. 按使用方法分类

（1）土壤处理剂。指通过喷施、灌浇、翻混等方法防治土壤传带的病害的药剂，如氯化苦、石灰、五氯硝基苯等。

（2）叶面喷洒剂。通过喷雾或喷粉主要施于作物的杀菌剂，如波尔多液、石硫合剂等。

（3）种子处理剂。用于处理种子的杀菌剂，主要防治种子传带的病害，或者土传病害，如适乐时、卫福等。

（三）除草剂

用以消灭或控制杂草生长的农药，亦称除莠剂。

可从杀灭方式、作用方式、化学成分等多方面分类。

1. 按杀灭方式分类

（1）灭生性除草剂（非选择性）。即在正常用量下对作物和杂草无选择地全部杀死的除草剂，如百草枯、草甘膦等。

（2）选择性除草剂。只能杀死杂草而不伤作物，甚至只杀某一种或某类杂草的除草剂，如乙草胺、丁草胺、2,4-D丁酯、拿捕净、巨星、百草敌等。

2. 按作用方式分类

（1）内吸性除草剂。药剂可被根、茎、叶、芽鞘等器官吸收在体内传导到其他部位而起作用，如西玛津、茅草枯等。

（2）触杀性除草剂。除草剂与植物组织（叶、幼芽、根）接触即可发挥作用，药剂并不向他处移动，如百草枯、除草醚等。

3. 按化学成分分类

酚类、苯氧羧酸类、苯甲酸类、二苯醚类、联吡啶类、氨基甲酸酯类、硫代氨基甲酸酯类、酰胺类、均三氮苯类、二硝基苯胺类、有机磷类、苯氧基及杂环氧基丙酸类、磺酰脲类与咪唑啉酮类·哒嗪酮类与三氮苯酮类等。

（四）植物生长调节剂

人工合成或天然的具有天然植物激素活性的物质。有的是模拟激素的分子结构而合成的，有的是合成后经活性筛选而得到的。

植物生长调节剂种类繁多，其结构、生理效应和用途各异。

按作用方式分类如下。

（1）生长素类。它们促进细胞分裂、伸长和分化，延迟器官脱落，形成无籽果实，如吲哚乙酸、吲哚丁酸等。

（2）赤霉素类。它们主要促进细胞伸长，促进开花，打破休眠等，如赤霉素等。

（3）细胞分裂素类。主要促进细胞分裂，保持地上部绿色，延缓衰老，如 6-苄基腺嘌呤等。

（4）其他。如乙烯释放剂、生长素传导抑制剂、生长延缓剂、生长抑制剂等。

（五）转基因抗病抗虫作物

将抵抗某一病害、虫害的基因片断导入作物体内，成为作物体的一部分，使作物不受某一病害、虫害的侵害，如抗虫棉、抗虫水稻等。

第二节　农药质量的鉴别方法

一、农药标签

农药标签是指紧贴或印制在农药包装上，介绍农药产品性能、使用方法、毒性、注意事项、生产厂家等内容的文字、图示或技术资料。由于农药产品上所贴附的标签是经农药登记部门严格审查批准后印制的，因此农药标签的内容是否规范，不仅是农药经营单位和使用人员在进货和购买农药时应加以注意的重要内容，同时也是农药执法监督人员在市场执法监督中最直接、明了的判断一个农药产品是否合格的重要依据。

（一）农药名称

指有效成分及商品的称谓，包括化学名称、代号、通用名称（中文通用名和国际通用名）和商品名称。化学名称和代号一般不出现在农药标签上，特简要介绍如下。

1. 化学名称

是按有效成分的化学结构，根据化学命名原则定出的化合物的名称。其优点在于明确地表达了化合物的结构，根据名称可以写出化合物的结构式，但对于结构复杂的化合物，常因名称太长使用起来很不方便，因而不在标签上标明，但部分国内外农药厂家在标签上也注明了农药化学名称。

2. 代号

是在农药开发期间，为了方便或因保密暂不愿公开化合物的化学结构，由研制者给该化合物所取的代号，如 Bay-er15922 等。

在我国，标签上的农药名称通常是指通用名称（中文通用名和国际通用名）和商品名称。

3. 通用名称

是标准化机构规定的农药活性成分的名称，简称通称，也是该药专有的名称。

（1）国际通用名。同一农药活性成分各国所制定的通称不尽相同，为便于国际交流，国际标准化组织（Intenational Standard Organization，简称 ISO）为农药活性成分制定了国际通用名称。在使用农药的外文通称时，应优先采用 ISO 通称，而使用其他国家的通称时，应注明国别，通称的第一个字母应为小写字母。国际通用名（英文）一般置于中文通用名后，用括号括上。

（2）中文通用名。是由国家质量监督检验检疫总局颁布，在中国境内通用的农药中文名称。在农药标签上要求，凡有中文通用名的，要以醒目大字表示，并在其前注明有效成分的含量，其后注明剂型，如 40% 乐果乳油。

4. 农药商品名

农药生产厂家为其产品在工商管理机构登记注册所用的名称或办理农药登记时批准的商品名称。同一种农药活性成分可以加工成多种制剂，具有不同的商品名。商品名称是受法律保护的，即使某厂产品的活性成分、含量、剂型与另一厂完全相同，也不能以另一厂产品的商品名称出售，否则即构成侵权行为。

商品名的命名原则：①不得与通用名称相同或相近；②不得与其他厂家已注册的商品名相同或相近，有意误导消费者；③在商品名中不得出现夸张或极端性形容词，如"王、皇、最"等。

（二）三证号

农药三证号包括农药登记证号、生产许可证号（或生产批准文件号）、产品执行标准号。

（三）净重（克或千克）或净容量（毫升或升）

明示产品装量，供有关监督部门检查并作为用户与生产、经营者产生争议时的仲裁依据。

（四）生产日期、批号和质量保证期

产品的生产日期、批号是确定产品生产时间，判断产品是否在质量保证期内和初步判定产品质量的一个重要标志。质量保证期是确保产品质量的期限，农药产品一般为两年。

（五）生产厂名、地址、邮编、电话（区号）

农药生产企业必须在标签上标明生产企业名称、地址、邮政编码以及联系电话，更改企业名称必须取得上级主管部门同意，并报国务院农业农村行政主管部门和经贸部门备案。

（六）农药类别

按农药用途分为杀虫剂、杀菌剂、除草剂、植物生长调节剂、卫生杀虫剂等。

二、农药质量简易识别方法

（一）通过因特网和电子信息软件查证

从因特网和农药品种管理软件上查询农药信息，是最简捷和有效的验证农药真伪的方法。因此，也是农药经营应配备的设施。目前，我国有农药专业性网站《中国农药信息网》《农药在线》《中国农药网》等。通过查询网站和软件信息，点击选择登记证号、产品名称、生产企业等索引方式，并输入相应的关键字进行查询，可以看到所有符合查询要求的产品登记证号、厂家名称、产品名称、商品名称、通用名称、有效期、毒性。再次点击相关链接，会看到相应产品的登记作物名称、防治对象名称、用药量、施用方法等。查到相关信息，说明该农药品种是属于国家正式登记的农药品种。农药经营单位在购销货物时，必须通过农药管理信息设备和农药登记公告首先进行自查，对有疑问的农药，可进一步向当地农药管理机构查证，严禁购销假劣农药。

（二）从农药标签及包装外观上识别真假

1. 标签内容

农药登记时，对农药标签有严格要求，凡是登记的农药，其标签都应经过农业农村行政主管部门审查备案。经审查后确定的标签要求注明产品名称、农药登记证号、产品标准号、生产许可证号或生产批准文件号以及农药的有效成分、含量、重量、产品性能、毒性、用途、使用方法、生产日期，有效期、注意事项和生产企业名称、地址、邮政编码等内容，分装的农药，还应当注明分装单位。未经农业农村行政主管部门批准，任何单位不得擅自修改标签内容。因此，消费者在购买农药时，要重点检查标签是否具有上述内容，如缺少上述任何一项内容，则应提出疑问。

2. 产品名称

标签上的产品名称必须标明农药通用名（中文通用名和英文通用名）。商品名称经农业农村行政主管部门审查合格后也可以同时标明在标签上。目前，市场上农药产品的名称比较混乱，因此，消费者在购买农药时，要注意凡是不能肯定产品中所含农药成分名称的都不要轻易购买。

3. 产品包装

相同计量的产品规格应相同，不能有大有小，内外包装应完整，不能有破损。

4. 产品合格证

每个农药产品的包装箱内都应附有产品出厂检验合格证，消费者在购买农药时要查看有无产品出厂合格证，以确定所购产品的质量。

5. 散装农药产品不能购买

由于散装农药容易掺假，出了问题后，因消费者手中没有产品的原始包装，而难以判定、处理。因此，《农药管理条例》规定，将大包装产品分成小包装是一种分装行为。农药销售单位将一些大桶或大袋农药，分成小批量卖出，也属于一种分装行为，必须依法办理农药分装登记，并保证每个小包装上都附有符合要求的标签，否则要承担相应的法律后果。

(三) 从农药物质形态上识别优劣

(1) 粉剂、可湿性粉剂应为疏松粉末，颜色均匀。如有结块或有较多的颗粒感，说明已受潮，不仅产品的细度达不到要求，其有效成分含量也可能会发生变化。

(2) 乳油应为均相液体，无沉淀或悬浮物。如出现分层和混浊现象，或者加水稀释后的乳状液不均匀或有浮油、沉淀物，都说明产品质量可能有问题。

(3) 悬乳剂应为可流动的悬浮液，无结块，长期存放，可能存在少量分层现象，但经摇晃后应能恢复原状。如果经摇晃后，产品不能恢复原状或仍有结块，说明产品存在质量问题。

(4) 熏蒸用的片剂如呈粉末状，表明已失效。

(5) 水剂应为均相液体，无沉淀或悬浮物，加水稀释后一般也不出现混浊沉淀。

(6) 颗粒剂产品成粗细均匀，不应含有许多粉末。

（四）用简单的理化性能检查

1. 可湿性粉剂

拿一透明的玻璃瓶盛满水，水平放置，取半匙药剂，在距水面 1~2cm 高度一次倾入水中，合格的可湿性粉剂应能较快地在水中逐步湿润分散，全部湿润时间一般不会超过 2min，优良的可湿性粉剂在投入水中后，不加搅拌，就能形成较好的悬浮液，如将瓶摇匀，静止 1h，底部固体沉降物应较少。

2. 乳油

用一透明的玻璃瓶盛满水，用滴管或玻璃棒移取药液，滴入静止的水面上，合格的乳油（或乳化性能良好的乳油）应能迅速扩散，稍加搅拌后形成白色牛奶状乳液，静止半小时，无可见油珠和沉淀物。

3. 水溶性乳油

该剂型能与水相溶，不形成乳白色，国内该剂型较少，只有甲胺磷等。

4. 干悬乳剂

干悬乳剂是指用水稀释后可自发分散，原药以粒径 $1\sim5\mu m$ 的微粒散于水中，形成相对稳定的悬浮液。

（五）与《农药登记证》核对

国家规定，生产农药必须办理《农药登记证》或《农药临时登记证》，因此，经营单位和农民购买农药时，有权要求生产厂家、经销单位出示该产品的农药登记证复印件，并与该产品的标签核对。如发现产品的标签与登记证上的内容不一致，应提出疑问，并及时向当地农业农村行政主管部门反映。待问题查清楚后，再决定是否购买。

第三节　农药的选购

选购适用、质优的农药是保证安全、有效使用农药的前提。一般来讲要注意两点，即对症买药和识别真伪。

一、对症买药

（一）确定防治对象

按防治对象选择合适用药品种、剂型。确定防治对象时，可请教当地的植保技术人员或查阅有关资料和图片。

（二）选择安全高效、经济的农药

当有几种农药同时选用时，要优先选择用量少、毒性低、在食品和环境中残留量低的品种。

（三）价格计算

因农药有效成分含量、剂型的不同，商店里以同样重量包装的农药出售价格可能不同，因此选购农药时不可单看每袋农药的价格，而应考虑每亩地的施药量、持效期、施用方法等多种因素。

确定了每亩次用药费用后，还要考虑农药持效期的长短和施用方法的简便与否。一般来讲，持效期长的农药，在整个生长季内施药的次数就少，农药消耗量低，从而降低了农药费用。

二、识别农药真伪

农药质量的优劣直接影响防治效果的好坏，也是安全、合理使用农药的前提条件。因此在购买农药时，要注意从标签、产品外观等方面先对农药质量进行简易识别，必要时可将农药样品送有关单位进行质量检测。

第七章　种子鉴别

第一节　种子分类

一、种子的概念

植物学上和农业生产给种子赋予了不同的含义。植物学上指出，种子是指由胚珠发育而成的繁殖器官；农业生产上的种子是指农作物和林木的种植材料或者繁殖材料，包括籽粒、果实和根、茎、苗、芽、叶等。也就是说在农业生产上可作为播种和繁殖的材料都可以称为种子。

二、种子的分类

种子分类方法中，比较常见的是根据植物形态学分类和农业生产中的分类。

根据植物形态学的分类，可分为植物学中的种子、植物学中的果实、种子及其附属物、包括果实及其外部的附属物、营养器官和人工种子6种。

第二节　种子包装标识

《中华人民共和国种子法》第三十四条明确规定："销售的

种子应当加工、分级、包装。"这是保护购买者的一项重要规定。

一、种子包装标识及其组成

种子标识是指用于识别种子及其质量、数量、特征、特性和使用方法所做的各种标识的统称。种子标识可以用文字、符号、数字、图案以及其他说明物等标识。这些标识应当标在包装物上。

规范的种子包装标识，应当包括以下内容。

作物种类、品种名称、质量指标、净含量、生产年月、生产商名称、地址、联系方式。

农作物种子经营许可证编号；植物检疫证编号；主要农作物生产许可证编号和品种审定编号（需要注明的应当另附注明）。

二、种子包装的主要原因

同一作物不同品种的种子难以区分，经营者有责任在开始就将不同品种的种子分开包装。

种子包装后便于运输，而且能有效地防止发生混杂，对保证种子质量起到保证作用。

种子包装可以明确种子销售者（中间商和零售商）和种子经营者的责任。

三、种子标签

种子标签是指固定在种子包装物表面及内外的特定图案及文字说明。主要是为了向种子购买者提供有关种子的信息，包括品种信息、质量信息、使用说明、注意事项、经营者信息等。所有的商品种子都应当附有种子标签。种子购买者可以根据种子标签上提供的消息决定该品种是否属于自己想要购买的品种，种子经营者是否具有信誉，是否值得购买。

第三节 种子质量和鉴别方法

一、种子质量

种子质量通常包括品种质量和播种质量两个方面的内容。品种质量是指与遗传特性有关的品质，可用真、纯两个字概括。播种质量是指种子播种后与田间出苗有关的质量，可用真、纯、净、壮、饱、健、干、强8个字概括。其中含义介绍如下。

（一）真

是指种子真实可靠的程度，用真实性表示。种子失去真实性，不是原来所需要的优良品种，也就是假种（或伪种），若其危害小则不能获得丰收，大则会延误农时，甚至颗粒无收。

（二）纯

是指品种典型一致的程度，用品种纯度来表示。品种纯度高的种子因具有该品种的优良特性而可获得丰收。品种纯度低的种子由于其混杂退化，田间生长不整齐而明显减产，品质降低。

（三）净

是指种子清洁干净的程度，用净度表示。种子净度高，表明种子中杂质（杂质及其他作物和杂草种子）含量少，可用来播种的种子多，单位面积的播种量少，是评价种子用价的指标之一。

（四）壮

是指种子发芽出苗齐壮的程度，用发芽力、生活力表示。发芽力、生活力高的种子发芽出苗整齐，幼苗健壮，同时可以适当减少单位面积的播种量。发芽率也是评价种子用价的指标之一。

（五）饱

是指种子充实饱满的程度，可用千粒重（或容重）表示。

种子充实饱满表明种子中贮存物质多，有利于种子发芽和幼苗生长。种子千粒重是种子活力指标之一。

（六）健

是指种子健康的程度，通常是用病虫感染率表示。种子病虫害直接影响种子发芽率和田间出苗率，从而影响作物的生长发育和产量。

（七）干

是指种子干燥耐贮藏的程度，可用种子水分百分率表示。种子水分低，有利于种子安全贮藏和保持种子的发芽力和活力，尤其是用塑料袋密封包装的种子，其水分含量要控制在安全水分以下。

（八）强

是指种子强健，抗逆性强，增产潜力大，通常用种子活力表示。活力强的种子，可早播，出苗迅速整齐一致，成苗率高，增产潜力大，产品质量优，经济效益高。

种子检验就是对品种的真实性和纯度、种子净度、发芽力、生活力、活力、健康状况、水分和千粒重进行分析检验。农民在购种时也是重点识别的指标。

二、种子质量鉴别

种子是一种具有生命活力的特殊的农业生产资料，种子质量检验已经发展成为一门系统学科，从种子检验的原理、方法到种子检验的技术已实现了标准化，并逐渐趋于法制化。但农民朋友有时不具备种子检验条件的情况下，需要在购买时初步鉴别种子质量。种子科研人员、技术推广人员和广大农民消费者在实践中摸索，总结出了利用人体感觉器官，通过眼看、手摸、牙咬、鼻闻、耳听直接鉴别种子质量的一种简易方法。这种方法虽不十分准确，但是不失为一种直观、简便、快速的质量鉴别方法。

（一）种子质量感官检验方法

感官鉴别主要是利用人体器官的功能结合实践经验对种子的色泽、气味和外观品质进行评价。这种方法具有方法简便、快速的特点，而且不受时间、地点和环境条件的限制，但不够准确，并需有多年实践经验者进行鉴别。在种子收购、入库和采购时采用此方法具有十分重要的意义。感官鉴别按人体器官的不同，可分为视觉鉴别、嗅觉鉴别、触觉鉴别和听觉鉴别。在利用这些方法时要相互结合，综合利用，总体判断，才能得出较为可靠的结果，作为农民购买种子且不具备检验条件时的参考。

1. 视觉鉴别

利用眼力判断种子的品质。如种子的籽粒饱满度、均匀度、杂质和不完整籽粒的多少、色泽是否正常、有无虫害或霉变等情况。看时既要集中于一点又要兼顾全面。先把种子摊在手上、桌面或平板上，把视线先集中在一点上仔细观察识别，再慢慢地放大视野观察并进行比较。

（1）种子净度的鉴别。用眼看种子内是否混有不同的大型异质，种子表面是否沾有尘土。

鉴别方法：手插入种子堆倾斜抖动，拔出看指缝是否有尘土或其他杂物，并估算出它们所占比例。也可以取出一部分种子样品摊于样品盘上或手上，先粗略计数样品数量，再将手或样品盘倾斜并缓缓抖动，使种子均匀地向下流动，当流完后观察手或盘中的杂质的多少，估测含杂质比例，推算出种子的净度。

（2）种子水分的鉴别。以玉米为例，一般胚部凹陷，有皱纹为干种子；胚部稍有凹陷，水分大约在规定的标准水分之内；胚部不凹陷，光泽较强的种子水分含量较高；胚部稍有凸出，光泽较强的种子水分含量大约在20%。

（3）种子真伪的鉴别。一般的作物种子特别是杂交种子在外观上有其固有的特征，对这些特征的观察可大致鉴别出种子的真伪。

品种纯度取一定数量的种子，目测种子的颜色、粒型、粒质、大小等，拣出不符合本品种特征特性的籽粒，计算出异品种的比例，大致判断种子纯度的百分率。

（4）种子病害的鉴别。作物种子的很多种病害都可以用感官鉴别。如小麦赤霉病的菌丝等较大的病原体。

鉴别方法：从样品中数取500粒种子，放在白纸上或玻璃板上，用肉眼或5~10倍的放大镜检查菌瘿或菌丝，取出病原体或病粒，称其质量或数其粒数，计算出种子感病率。

种子病害率＝病粒数或病原体（g、数）/试样粒数或质量（g、数）×100%

2. 嗅觉鉴别

嗅觉鉴别是利用鼻子的功能判断种子有无霉烂、变质及异味的一种方法。正常新鲜的种子都带有该品种的特殊气味。新鲜种子具有清香气味；凡发霉变质的种子一般都带有异味。如发过芽的种子带有甜味，发过霉的种子带有酸味或酒味。

鉴别方法：刚打开包装袋口，马上用嗅觉判断有无异味。因为刚打开袋口时，突然散发出的气味很容易闻到。也可将种子放在手掌上，吸一口气后闻嗅是否有霉味；或将种子放在玻璃杯中，注入60~70℃温水，加盖2~3min后，把水倒出闻嗅。

3. 触觉鉴别

触觉鉴别是用手的触觉功能判断种子水分的一种简易鉴别方法。根据种子的干燥、湿润和光滑程度及手插入种子堆（袋）内的感觉来判断种子的含水量。如手插入种子堆（袋）内感觉松散、光滑、阻力小、有响声则水分低，用手抓种子时，籽粒容易从指缝中流落则种子含水量低；手插入种子堆（袋）内感觉到发涩、阻力大，手有潮湿的感觉，则种子含水量较高。

4. 听觉鉴别

听觉鉴别是用耳朵功能判断种子水分的一种方法。

鉴别方法：抓一把种子紧紧握住，五指活动，听有无沙沙响声，或敲打种子时发出清脆而急促的沙沙响声；带有果皮的品种抓起摇动听响声，或把种子从高处扬落发出响声，判断种子的干燥程度。一般情况下，声音越大，种子的水分越小；反之，声音不大，并有发闷的声音，种子水分较大。

5. 齿觉鉴别

齿觉鉴别是用牙齿的功能判断种子水分的一种方法。用牙齿咬种子籽粒听其响声，观察种子质量。

鉴别方法：取各点的籽粒用牙齿轻轻加大压力，切断种子籽粒，若感觉费力，声音清脆，软质粒断面掉粉，硬质粒断面整齐，则水分含量低；反之，牙咬时感觉软湿，籽粒饼状片则含水量高。

（二）种子生活力感官鉴别方法

种子生活力是指种子的发芽潜在能力和种胚所具有的生命力。作物种子的生活力的好坏、新陈，可以综合运用感官根据种子和胚外表特征，或解剖种子和胚进行鉴别。作物种子用感官法识别种子有无生活力的标志，因各种作物种子不同而有所区别，但也具有一般的规律，具体如下。

凡果皮或种皮色泽新鲜，有光泽者为有生活力；反之，无生活力。

凡胚部色泽浅、充实饱满、富有弹性者为有生活力，胚色深、干枯、皱缩、无弹性者为无生活力。

凡在种子上呵一口气无水汽黏附，且不表现出特殊光泽者为有生活力；反之，无生活力。

豆科、十字花科、葫芦科、伞形科等蔬菜种子含油量较高，剥开其种子发现种子两片子叶色泽深黄或无光泽，出现黄斑，菜农称为"走油"。这种种子生活力很弱，或已经丧失生活力。

一般地说，种子较新，生活力亦较强，使用价值也较高；种子越陈，生活力越弱，使用价值越低。下面介绍部分种子的有效收存期限和种子新陈的鉴别方法。

1. 部分农作物种子的感官鉴别方法

（1）小麦种子。种皮新鲜有光泽，种子饱满、整齐度高，种胚发育良好，解剖种胚时种胚切面及胚根呈淡黄色、油状，富有弹性，气味清新，说明种子生活力强，发芽率高；用鼻子闻散发出新鲜的清香味，说明是新种子。种皮暗淡无光泽，种胚发育不好，且皱缩，呈黄褐色，解剖种胚切面观察时，切面松软，呈海绵状组织，胚呈深黄色或褐色，或灰黑色，干枯无弹性，说明是陈种子。如种子秕瘦，破碎粒多，有烂粒、霉、虫口，说明发芽率低；如有霉变酸败或其他异常气味，表明种子质量差，生活力低，安全贮藏的稳定性也差。

（2）水稻种子。稃壳色泽新鲜、黄亮、有光泽，种胚充实、丰满，用手挖去种胚时，种胚带湿润并带黄绿色，气味清新的种子发芽率高；稃壳黄褐色无光泽，种胚干秕，用手挖去种胚时，胚带暗褐色或灰色，气味不正常，或有霉臭味的种子发芽率低。

（3）大麦种子。皮壳新鲜有光泽，胚发育良好，充实饱满，解剖观察时，种胚切面带绿黄色或蜡黄色，为有生活力种子。皮壳暗淡，无光泽，胚发育不良，皱缩干秕，呈黄褐色，解剖观察时种胚切面呈褐绿色或褐色，则为无生活力种子。

2. 部分经济作物种子的感官鉴别方法

（1）大豆种子。种子没有"走油"，种皮色泽鲜黄，有蜡色，如用嘴哈一口气，没有水汽黏附，并不表现出特殊的光滑色泽，为有生活力种子，种子发芽率高。种子已"走油"，种皮色泽呈深黄色，用嘴咬开两片子叶呈深黄色，无光泽，且豆片四周边缘色泽特征明显，若用嘴哈一口气，种皮上有水汽黏附并有光滑色泽出现的种子发芽率低。

（2）油菜种子。剥去种皮观察，幼芽、幼根带有青白色，子叶带有青绿色、黄白色、黄色，为有生活力种子。剥去种皮观察，幼芽、幼根带有褐色，子叶呈褐色，为无生活力的种子。

（3）花生种子。种子肥大、饱满，胚端光亮，芽盘突出，种皮呈原来红色，种皮颜色新鲜，顶部的脐呈白色，用手搓时，种皮易与种子分离，浸入38℃温水中2h，种皮仍保持干燥，无水渍状斑点出现，两片子叶不易分离，不出油，气味清新的种子发芽率高。种皮皱缩，种皮变黄褐色或深红色，顶部脐已变色，种子浸于38℃的温水中2h后，种皮有水渍斑点出现，子叶易分离，已出油，气味异常的种子发芽率低。

（4）棉花种子。种子饱满，发育良好，解剖观察时，解剖胚的切面，子叶上有青绿色油点，子叶呈黄绿色，胚根为白色的种子发芽率高。种子瘦秕，发育不良，解剖观察时，解剖胚根的切面，子叶上油点为黑褐色，用手卷子叶能挤出乳白色的浆水，胚为黄棕色的种子发芽率低。如棉籽发黑或出油变色等，则不能发芽。或者随意取几百粒棉籽，用水浸泡2~3min后，看棉籽种皮颜色。凡种皮白色，剥开种皮，种子黑，无明显的胚或虽然有胚但不充实，则种子的成熟度差；凡种皮奶黄色或稍深和种皮黑色的，为健壮种子，健籽率超高，发芽率也超高。健籽率不得低于75%。

3. 部分蔬菜种子的感官鉴别方法

（1）辣椒种子。辣椒种子的有效收存期限最长不得超过3

年。超过 3 年，不但发芽率低，而且部分种子出苗成活后其产量也不高。所以，选购种子时，务必仔细观察种子的颜色。新籽呈金黄色，有光泽，辣味大；若辣椒籽变成褐色，说明其种子至少收存 3 年以上，根本不能作种用。

（2）黄瓜种子。黄瓜种子的有效收存期限最长不得超过 3 年。若超过 3 年，其出苗率要降低 30%～40%。尽管有些黄瓜种子播种后能出苗，但往往有子叶无针叶，尚不能成活。鉴别黄瓜种子的新陈可通过眼看颜色、鼻子闻气味、发芽这 3 种方法。看颜色：新籽外皮呈浅白色，有光泽，剥开表皮后，果仁呈洁白色，种仁含有油分，有香味，顶端有细毛尖儿，将手插入种子袋内，拿出时手上往往挂有种子。陈籽外皮呈土黄色，色泽深暗无光，常有黄斑，越深暗说明存放的时间越久，剥开表皮后，果仁发乌，顶端上有很小的黑色，顶端刚毛钝而脆，用手插入种子袋内再拿出时手上往往不挂有种子。闻气味：新籽带有一般腐烂的黄瓜酸味，并稍带有土腥气味。试发芽：新籽刚露芽时，皮紧包裹着芽尖，一个星期左右，皮开始裂开，而陈籽一露芽头皮即裂开。

（3）白菜种子。白菜种子的收存期限最长不得超过 2 年。当年收获的种子当年可以直接播种，翌年仍可以作种用。超过 2 年的种子播种后的出苗率一般要降低 20% 左右，且极易感染病菌。存放的时间越久，出苗率越低，抗病害的能力也就越差。而且，贮存白菜种子，必须存放在凉爽干燥的地方，切勿用水缸、铁桶等不透空气的容器存放，以免把种子捂坏而影响出苗率。新种子光泽鲜亮，表面光滑，有清香，用指甲压后成饼状，油脂较多，子叶浅黄色或黄绿色。陈种子表皮发暗无光泽，常有一层"白霜"，用指甲压易碎而种皮易脱落，油脂少，子叶深黄色，如多压碎一些，可闻出"哈喇"味，甚至有虫眼或虫丝。

（4）香菜种子。当年收获的种子必须存放 1 年之后方能种植，但其存放的有效期限也不得超过 3 年。新的香菜种子菜味浓馨，陈的香菜种子菜味清淡。

（5）芹菜种子。芹菜种子可以收存 5 年，但当年产的芹菜种子不能当年作种用，提前作种影响出芽率。新籽芹菜味较浓，表皮土黄色，稍带绿。存放 2 年以上的陈籽其芹菜味较淡一些，表皮为深土黄色。

（6）茄子种子。茄子种子的保存期限为 6 年，超过 6 年以上的种子其出苗率、成活率相对降低。新籽外皮有光泽，表皮为乳黄色，如用门齿咬种子，易滑掉；种子光泽随其存放时间的延长而变得暗淡无光，表皮为土黄色，发红，如用门齿咬种子易咬住，此为陈籽。

（7）葱种子。夏季种伏葱必须用当年春季收获的新葱籽。若用头年葱籽作种，其产量低，小葱长起后，即会出现抽薹结籽现象。其存放的有效期限为 1 年之内。新种子种皮亮黑，胚乳白色；陈种子种皮乌黑，胚乳发黄。

（8）韭菜种子。韭菜种子必须选用当年的新籽。若是把隔年的陈籽作种，就不易出苗；即使有的出了苗，长几天后也会逐渐枯萎死亡。但如果把韭菜种子放在 0℃ 以下的仓库里，翌年仍然可以作种。色泽新亮的为新籽，灰紫暗淡为陈籽。

（9）雪里蕻种子。雪里蕻种子的存放有效期限为 5 年。当年收获的种子当年不能作种，即使作种其出苗率也很低，甚至根本不出苗。因此，种植雪里蕻菜必须选择存放 1 年以上的种子为佳。

（10）番茄种子。番茄种子的存放期限为 4 年，超过 4 年其出苗率相当低。新的番茄种子，要仔细观察。其籽上有一层小茸毛，且有一股腐败的番茄味。陈籽其皮上那层小茸毛脱落，腐败味清淡或消失。

（11）瓜类蔬菜种子。新种子种仁黄绿色或白色，油脂多，有香味；陈种子种仁深黄色，油脂少，子叶深黄，有"哈喇"味。

（12）胡萝卜种子。新种子种仁白色，有香味。陈种子种仁黄色或深黄无香味。

（13）菠菜种子。新种子种皮黄绿色，清香，种子内部淀粉为白色。陈种子种皮土黄色或灰黄色，有霉味，种子内部淀粉浅灰色到灰色。

（14）菜豆等豆类蔬菜种子。种皮色泽光亮，脐白色，子叶黄白色，子叶与种皮紧密相连，从高处落地声音实，为新种子。种皮色泽发暗，色变深，不光滑，脐发黄，子叶深黄色或土黄色，子叶与种皮脱离，从高处落地声音发空，为陈旧种子。

（三）种子水分的感官鉴别方法

种子水分主要根据平时积累的经验，通过眼看、手摸、牙咬、耳听等鉴别种子含水量高低。干燥成熟的种子，色泽较新鲜，富有光泽；水分含量高的种子色泽较深暗，缺少光泽。用手插入种子堆中，感到滑爽，用牙咬种子花力气大，发出声音响亮，种子断面光滑，都说明比较干燥。

小麦种子：用大牙咬麦粒，声音清脆，比较费力，麦粒可碎三瓣以上而不成片，一般种子水分在11.5%左右；用门齿横咬麦粒，较费力，响声清脆，断面光滑、整齐，水分在12%以下。用手摸，将手插入种子堆中，手感光滑、松散，抓起一把种子，籽粒容易从指缝中流落，表示种子干燥，水分大约在12%。若手摸种子感到麦粒粗糙发涩、阻力大，手不易插入，表明种子潮湿，水分在15%左右。用眼看，籽粒新鲜、色泽光亮，表明种子干燥；种子发暗、光泽差，表明种子水分偏高。用耳听，小麦从高处落下或用手搅拌种子时，有沙沙的清脆响声，并有灰尘和细小的残叶碎片飞扬，表示种子干燥，水分一般在12%左右。

棉花种子：用手抓一把棉籽，感到手凉，且棉绒倒在棉籽上，用牙咬感到软，则表示水分较高，一般在15%以上。用牙咬棉籽时，干脆并发出响声，则水分在12%以下。

花生种子：用手抓一把花生荚果，摇晃发出哗哗响声，用手剥果皮发出响声，用牙咬籽仁感到干硬，有响声，断面整齐，种皮容易剥落，则水分较低，一般在9%以下。

第四节　种子的选购

一、购买种子存在的主要问题

农民买种容易出现以下4个问题。

（一）认识不到位

许多农民都已经认识到种子优劣的重要性，但由于个人经济条件所限，仍存在着贪图便宜的想法，结果买到了伪劣种子，得不偿失。相反，有些农民认准"一分钱，一分货"，最贵的就是最好的，盲目选种，常因忽略适应条件而造成了损失。

（二）途径不正规

农民缺乏自我保护意识，盲目相信个人的农资经销店或个人商贩的承诺，结果出现问题才大呼上当，造成严重的经济损失。

（三）方法不对路

部分农民赚钱心切，轻信一些短期致富的过分夸大的宣传或广告，不考虑是否适合本地种植环境及销路问题，不了解种子的特性和种植方法，盲目引进新的品种。

（四）手续不完备

正规的收据、发票和信誉卡是退种、换种的凭证。所谓正规，主要是指单位的公章，这个公章则是销售者与消费者之间关系认定的凭证，因种子而受损失的农民可依此向经营者索赔。如果没有索赔的真凭实据，会给有关部门解决纠纷带来困难，甚至会因缺乏证据而败诉。

二、农民购买种子的注意事项

种子是农业科技的载体，是特殊的农业生产资料。种子的消费者是广大人民群众，避免假劣种子坑农害农，依法维护农民合法权益，是各级农业农村行政主管部门的职责。但作为种子使用者的广大农民朋友也要增强自我保护意识，在购买和使用种子过程中要依法维护自身权益，针对以上存在的问题，购买种子时应注意以下7点。

（一）购种途径要确保正规、可靠

购种途径——种子公司。种子是一种特许经营的商品，种子公司成立应当经过农业农村行政主管部门的许可，开展经营活动要持有种子经营许可证和营业执照。所以，可通过查看这两种证件来判断一个公司是不是合法经营者。

购种途径二——种子公司的分支机构。取得农业农村部颁发的育繁销一体化的种子经营许可证的公司，是通过省级农业农村部门审查考核，经农业农村部审批，才可以在全国范围内设立分支机构的种子经营者。他们一般信誉好，基础设施完善，有成套的加工设备，有符合部级标准的种子检验仪器设备，并有5名以上经省级考核合格的种子检验人员，有比较强的科技力量和雄厚的资金，能够按照国家标准要求的技术规程进行种子生产经营，其生产经营比较可靠，而且这些公司比较注重声誉，经济实力比较强，即使发生种子质量事件也有能力依法赔偿。

种子公司的分支机构没有独立种子经营许可证，按照法律要求，其经营地点应当公示原公司种子经营许可证复印件和分支机构的营业执照，分支机构必须在种子经营许可证的有效区域之内设立，使用原公司种子经营许可证，实际上是原公司连锁经营部分，如果出现种子质量问题，原种子公司应当承担连带责任。考察这种单位的合法性，应从以下 3 个方面入手：是否办理营业执照；是否具有原公司种子经营许可证复印件；分支机构是否设立在区域之内。

购种途径三——种子公司的代销商。受具有种子经营许可证的种子公司委托代销其种子的公司或者是门市部，可能也没有种子经营许可证，他们实际上是取得合法资格的种子公司的代销商。这种经营单位必须取得原公司的书面委托方可代销种子，但应在有效区域内委托，而且不能进行再委托。如果出现种子质量问题，作为委托方的大型种子公司应当承担连带责任。考察这种经营单位的合法性，应从以下 5 个方面入手：是否办理营业执照；是否办理书面委托书；是否具有委托方的种子经营许可证复印件；是否在委托方的有效区域内进行销售；是否属于再委托。

以上 3 种途径是比较正规、可靠的，因其经营单位受到严格的监控，种子来源于有资质、有实力的种子公司，即使出现种子质量问题，也比较容易得到解决。

购种途径四——有营业执照的商店。到只有营业执照的商店购买种子，必须提高警惕性。《中华人民共和国种子法》（以下简称《种子法》）规定种子经营者经营不再分装的包装种子，可以不办理种子经营许可证。包装的种子辗转到零售商手里要经过许多环节，这个过程中，不法之徒很有可能钻空子、弄虚作假，应当进行严格的检查。第一，检查其营业执照，看工商部门是否许可其销售种子；第二，向销售者咨询种子的特性，判断是否适合当地种植，以防经营者胡乱进种；第三，仔细阅读种子标签，判断种子的合法性，不要购买不合法的种子。

（二）购买的种子要仔细考查，确保其优质性

种子是有活性的特殊商品，具有很强的实效性。一般来讲，限于我国大部分的仓储水平，陈旧种子质量都会下降。许多不法公司销售低于国家种用标准的种子，惯用的手段就是低价销售。

购买审定过的主要农作物种子。对于审定通过的品种，品种审定委员会都做出栽培要点、适宜种植范围和简要评价等书面介绍。正常情况下，在适宜的范围种植审定过的品种，基本不会因为品种的适应性问题遭受灾害。审定未通过的品种，没有经过区域试验、验证和审定评判，可能因其适应性、抗性和丰产性等方面的问题而造成减产损失。

购买适于自己种植的种子。应当根据地块的特性选择种子，最忌越区种植。南方的种子不一定适合北方种植，北方的种子在南方种植往往会产生不良后果；有的品种适宜于温室大棚内种植，露地栽培会表现产量和品质下降；有的品种适合间作套种，而有的品种仅适合间种。

（三）看种子包装与标识和内外标签

购买的种子必须是经加工、分级、包装，附有标签的种子。并且要购买有商标及信誉较好的包装种子。现在绝大多数的种子都有了精美包装，货真价实的种子一般为：种子袋的整体包装效果美观大方；种子袋上的图形和字迹清晰，袋上明确标注品种名称、质量、注册商标、质量指标、生产单位及联系地址、电话、品种说明、生产日期、包装日期、检验日期、保质期、警示标志等事项，并与包装内的种子相符，进口种子应附有中文说明；种子计量准确，封口严实平整。凡是包装效果差、包装破损、字迹模糊不清、袋上标注内容不明确的种子绝对不能购买。尽量不要购买散装种子。引种要注意两地的自然环境条件。一般来说，在纬度、温度、日照等条件相差不大的地区引种，成功的可能性较大；盲目异域引种，成功的可能性较小，风险较大。同时，引种还要考虑两地的土壤、水肥因素条件。引种一定要注意良种种子的生育期，如果引进的良种子生育期较长，当地的无霜期短于引进良种种子的生育期，就会造成作物减产甚至绝收。一般北种南引成功的可能性较大，而南种北引则要慎之又慎。购种时要了解品种的特性和栽培要点，最好购买本省、本地区大面积推广的品种，如果引种要到当地种子生产和农业技术推广部门进行咨询，切忌轻信虚假广告的道听途说，盲目引种种植。

（四）购种时要向售种者索要凭证

购种时要向售种者索要注明品种名称、数量和价格的购种凭证和介绍品种简要性状、主要栽培措施、使用条件的资料，并在播种后将种子包装袋连同购种凭证、介绍资料一起保存，以备发现种子质量问题时作为索赔的凭证。

（五）仔细阅读种子标签

购种时要特别注意标签标注的质量指标、净含量、生产年月和生产商联系方式，是主要农作物的，还要检查其许可证和品种审定编号。为确定所购种子的真实性，可以事先与生产商核实，或者到中国种业信息网查阅其种子生产许可证编号和品种审定编号是否属实。如果种子标签不符合《种子法》及配套法规的相关规定，属于违规行为，可向当地农业农村行政主管部门举报，要求有关人员进行查处。

（六）购回的种子要做发芽试验

购回的种子要做发芽试验，以免假劣种子下地，并且要按照包装袋或售种者提供的技术资料上载明的栽培要求种植。

（七）发现种子有质量问题并造成损失要及时鉴定索赔

发现所购的种子有质量问题并造成损失时，要持售种者出具的购种凭证、种子包装袋等索赔依据，找售种者要求组织田间鉴定和测产，赔偿因质量问题造成的损失。如售种者不能在田间现场保全期间赔偿或田间鉴定、测产，要向所在地县级农业农村行政主管部门投诉，并向其申请委托种子质量检验机构组织田间鉴定和测产。如果经有关管理部门协商、调解、仲裁仍不能得到赔偿或认为赔偿不合理，可直接向人民法院起诉，要求根据《种子法》的有关规定给予赔偿。

主要参考文献

江晓华，卓夏，陈益龙，2010. 种子·农药·化肥 ［M］. 合肥：黄山书社.

汪建飞，2014. 有机肥生产与施用技术 ［M］. 合肥：安徽大学出版社.

张杨珠，2022. 绿色有机肥施用新技术 ［M］. 长沙：湖南科学技术出版社.